普通高等教育高职高专土建类"十二五"规划教材

# 建 筑 设 计 基 础

主　编　陈冠宏　孙晓波
副主编　李慧敏　高亚妮

中国水利水电出版社
www.waterpub.com.cn

# 内 容 提 要

本书是"普通高等教育高职高专土建类'十二五'规划教材"之一。本书以模块为框架，主要讲述建筑设计基础知识、建筑设计分项学习、建筑方案文本设计三个方面的内容。为了突出高职教育的特点，分项学习部分每课题均引入实训环节。建筑设计基础知识部分主要介绍建筑物的分类、分级，建筑物的组成、建筑活动简介以及建筑设计的内容、建筑模数、人体工程学、建筑防灾抗震等知识；建筑设计分项学习部分主要从总平面设计、单体平面设计、建筑立面设计、建筑剖面设计四个方面进行分项介绍；建筑方案文本设计部分介绍方案表达的几种常见手法以及文本设计的一些技巧，书中还列举一些表达案例供读者参考学习。全书内容力求全面、系统、实用。

本书可作为高职院校建筑设计、城市规划、环艺、园林及景观设计等专业的统编教材，也可作为相关技术人员的专业参考书及培训用书。

## 图书在版编目（ＣＩＰ）数据

建筑设计基础 / 陈冠宏，孙晓波主编. -- 北京 ：
中国水利水电出版社，2013.6（2021.2重印）
普通高等教育高职高专土建类"十二五"规划教材
ISBN 978-7-5170-1015-9

Ⅰ．①建… Ⅱ．①陈… ②孙… Ⅲ．①建筑设计－高
等职业教育－教材 Ⅳ．①TU2

中国版本图书馆CIP数据核字(2013)第144968号

| 书　　名 | 普通高等教育高职高专土建类"十二五"规划教材 建筑设计基础 |
|---|---|
| 作　　者 | 主编　陈冠宏　孙晓波 |
| 出版发行 | 中国水利水电出版社 （北京市海淀区玉渊潭南路１号Ｄ座　100038） 网址：www.waterpub.com.cn E-mail：sales@waterpub.com.cn 电话：(010) 68367658（营销中心） |
| 经　　售 | 北京科水图书销售中心（零售） 电话：(010) 88383994、63202643、68545874 全国各地新华书店和相关出版物销售网点 |
| 排　　版 | 北京时代澄宇科技有限公司 |
| 印　　刷 | 北京印匠彩色印刷有限公司 |
| 规　　格 | 210mm×285mm　16开本　8.5印张　202千字 |
| 版　　次 | 2013年6月第1版　2021年2月第5次印刷 |
| 印　　数 | 9001—11000 册 |
| 定　　价 | **38.00**元 |

# 普通高等教育高职高专土建类
# "十二五"规划教材

## 参编院校及单位

| | |
|---|---|
| 深圳职业技术学院 | 金华职业技术学院 |
| 四川建筑职业技术学院 | 义乌工商学院 |
| 河南建筑职业技术学院 | 黄淮学院 |
| 湖南城建职业技术学院 | 浙江工业大学浙西分校 |
| 内蒙古建筑职业技术学院 | 四川信息职业技术学院 |
| 江西建设职业技术学院 | 四川省商贸学校 |
| 徐州建筑职业技术学院 | 呼和浩特职业技术学院 |
| 浙江同济科技职业学院 | 内蒙古工业大学建筑学院 |
| 湖南交通工程职业技术学院 | 日照金宸设计院有限公司 |
| 日照职业技术学院 | 日照城建设计院有限公司 |
| 泰州职业技术学院 | 江苏泰州设计院有限公司 |

## 本 册 编 委 会

主　编　陈冠宏　孙晓波
副主编　李慧敏　高亚妮

# FOREWORD

序

高等职业教育在"十二五"的关键时期，面临新的机遇和挑战，其教学改革必须动态跟进，才能体现职业教育"以服务为宗旨、以就业为导向"的本质特征，其教材建设也要顺应时代变化，根据市场对职业教育的要求，进一步贯彻"任务导向、项目教学"的教改精神，强化实践技能训练、突出现代高职特色。

鉴于此，从培养应用型技术人才的期许出发，中国水利水电出版社于2010年启动了"普通高等教育高职高专土建类'十二五'规划教材"的编写工作。本套教材面向土建类、建筑类各专业，特别针对建筑设计技术、城市规划等专业优质教材少、系列教材缺的现状，组织优秀教师团队合力打造。在编写上，力求结合新知识、新技术、新工艺、新材料、新规范、新案例，在内容上，力求精简理论、结合就业、突出实践。

本套教材的一个重要组织思想，就是希望突破长久以来习惯以"大一统"设计教材的思维模式。编写体例模式有以章节为主体的传统教材，也有基于工作过程的"模块—课题"类教材，还有以"项目—任务"模式的"任务驱动型"教材。不管形式如何，编写目标均是结合课程特点、针对就业实际、突出职业技能，从而符合高职学生学习规律的精品教材。主要特点有以下几方面。

（1）以培养能力为主。根据高职学生所应具备的相关能力培养体系，构建职业能力训练模块，突出实训、实验内容，加强学生的实践能力与操作技能。

（2）引入校企结合的实践经验。由设计院或企业的工程技术人员参与教材的编写，将实际工作中所需的技能与知识引入教材，使最新的知识与最新的应用充实到教学过程中。

（3）多渠道完善。充分利用多媒体介质，完善传统纸质介质中所欠缺的表达方式和内容，将课件的基本功能有效体现，提高教师的教学效果；将光盘的容量充分发挥，满足学生有效应用的愿望。

本套教材的出版对于"十二五"期间高职高专的教材建设是一次有益的探索，也是一次积累、沉淀、迸发的过程，其丛书的框架构建、编写模式还可进一步探讨。书中不妥之处，恳请广大读者和业内专家、教师批评指正，提出宝贵建议。

编委会

2013 年 3 月

# PREFACE

　　本书是"普通高等教育高职高专土建类'十二五'规划教材"之一,主要具有以下特点。

　　(1)定位准确、脉络清晰、内容系统、取材新颖、语言洗练、图文并茂、通俗易懂。本书理论知识简明扼要、实用够用,实训部分紧扣主题、操作性强。突出以就业为导向、以能力为本位的高职教育理念。

　　(2)从实战的角度出发,突出高职学生所需要的知识结构、知识要点以及认知特点,最大限度地贴近目前就业市场的专业技能需求,使学生既能全面掌握基础知识,又能在项目实训中逐步练熟基本技能。

　　(3)编写时以具体项目(课题)和工作过程为主线,着力提高学生的操作技能和技术服务能力,以适应企业需要。为了便于学生理解和掌握,本书引用较多的设计案例和设计项目,以充实课堂教学内容,丰富教学信息,从而调动学生的积极性与求知欲。

　　总之,本书内容突出应用性、通俗性、趣味性、可读性,深入浅出,循序渐进,符合高职教育的特点和初学者的认知规律,有利于激发学生的学习兴趣。

　　本书由深圳职业技术学院陈冠宏担任主编,并编写模块1的课题1、课题2,模块2的课题1;泰州职业技术学院孙晓波担任第二主编,并编写模块2的课题4、模块3;河南建筑职业技术学院李慧敏担任第一副主编,并编写模块2的课题2;深圳职业技术学院高亚妮担任第二副主编,并编写模块2的课题3。全书由陈冠宏构建编写框架和统稿。

　　深圳市中航建筑设计研究院有限公司副总建筑师、教授级研究员、一级注册建筑师、深圳职业技术学院兼职教授石东斌先生在百忙之中,仔细审阅了本书全稿,并提出了很多建设性意见,付出很多心血,在此深表谢意。深圳职业技术学院建工学院的诸位领导和老师给予了大力支持和帮助,在此一并深表谢意。本书在编写过程中引用了一些国内外的工程实例及图片,在此谨向有关设计师和单位深表感谢。

　　由于编者水平有限,时间亦紧迫,书中疏漏乃至谬误之处在所难免,恳请同行专家及广大读者提出宝贵意见,以便再版时进一步修改完善。

编者

2013 年 3 月

# CONTENTS

# 模块 3　建筑设计方案表达——文本设计

ARCHITECTURAL DESIGN
BASIS
Chapter 1

模块1
# 建筑设计基础知识

## 课题1 建筑设计概述

> **学习目标**
>
> 了解建筑的基本概念和建筑设计的基本情况，熟悉建筑物的基本组成，熟悉建筑的分类与分级。

### 1.1.1 建筑概论及人类建筑活动简介

俗语讲的"衣、食、住、行"泛指穿衣、吃饭、住房和行路，它是人类日常生活中的四大问题和基本需求，是我们每个社会人都离不开的物质条件。在当今世界上，建筑业是许多国家国民经济的重要支柱产业，也牵涉到每个人的基本利益，因而受到人们的广泛关注（图1.1.1）。

图 1.1.1　某楼盘设计鸟瞰图

十几年来，我国的房地产事业高速发展，有力拉动了一系列相关产业的发展，对城市面貌和人们的生活产生了重要的影响。与此同时，高房价也是备受关注的社会焦点问题之一。

建筑（building，construction）是建筑物与构筑物的总称，是人们为了满足各种社会生活需要，利用所掌握的物质技术手段，运用一定的科学技术规律和美学法则所创造的人工环境。

公元前1世纪，古罗马建筑师维特鲁威认为，实用、坚固、美观是构成建筑的三要素。现代建筑理论普遍认为，功能、技术、形象是构成建筑物的基本内容。

### 1. 建筑物

建筑物是供人们在其中生产、生活或进行其他活动的房屋或场所。如宾馆、别墅、车站、广场、运动场、住宅楼、办公楼、影剧院等（图1.1.2、图1.1.3）。

图1.1.2　某中式仿古建筑（图中的主体建筑为七开间重檐歇山顶仿古建筑）

图1.1.3　某现代建筑设计效果图

### 2. 构筑物

构筑物是间接供人们使用的建筑。如水塔、水坝、烟囱、蓄水池、纪念碑等（图1.1.4）。

图 1.1.4 三峡大坝

　　人类的建筑活动始于原始社会早期，奴隶社会进入大发展并形成富有地域文化特色的建筑体系，如东方的木构建筑体系、西方的石头建筑体系等。进入工业社会以后，新材料、新工艺、新技术不断涌现和得到应用，社会生活不断多样化，新生事物层出不穷，使得建筑类型日益丰富，建筑面貌也发生了很大变化。当今的建筑设计行业是一个充满创意、充满挑战的文化产业。

## 1.1.2　建筑学与建筑设计

　　空间是人类建筑活动的出发点与归结点，是人类进行物质与精神活动的重要场所。

### 1. 建筑学（architecture）

　　建筑学从广义上说，是研究建筑物及其环境的学科。它旨在继承和发展人类建筑活动的经验，以指导建筑设计创作，构造某种体系的人工环境等。建筑学的内容通常包括技术和艺术两个方面，是一门横跨工程技术和人文艺术的，技术和艺术相结合的学科。

　　传统建筑学的研究对象比较宽泛，包括建筑单体设计、建筑群体布局、室内外装修、家具设计、景观园林乃至城市村镇的规划设计。随着建筑事业的发展，社会分工的细化，室内设计、景观设计和城市规划逐步从建筑学中分化出来，成为既有相通之处，又有各自的侧重点，既相互关联，又相对独立的学科。建筑学的服务对象不仅是自然的人，也是社会的人；不仅要满足人们的物质需求，也要满足他们的精神需求。所以，社会生产力的发展和生产关系的变化，政治、文化、宗教、审美观念、生活习惯、社会思潮等外部环境的不同，都密切地影响着建筑的建造技术和艺术表现形式。

### 2. 建筑设计（architectural design）

　　建筑设计是指建筑物在建造之前，设计师依照建设任务书的要求，通盘考虑甲方需求、建筑功能、建筑造型和有关技术章程进行设计，最后形成以图纸为主的技术性文件，作为工程建设的依据。较简单的工程一般分为方案设计和施工图设计两部分，称为"二阶段设计"；较复杂的工程还要在建筑方案确定以后，汇集建筑结构、建筑设备等专业进行技术设计，确保各专业协调配合后再分别进行施工图设计，称为"三阶段设计"。

建筑施工图纸最后要绘制或打印在半透明的硫酸纸上，经晒图而成淡蓝底深蓝线的图纸，用于预算、施工、存档等不同环节，称为"工程蓝图"。俗语讲的构建美好"蓝图"或绘制美好"蓝图"，即出于此。

建筑设计是一种较复杂的技能，是建筑学的核心。在古代，这门技能主要靠师傅带徒弟的方式，言传身教，边做边学，边学边做。现代的学院式教育，课堂教学多为理论知识传授和基本技能训练，真正能成为合格的建筑师，一定的工程经验和设计实践是必不可少的。

除建筑识图、阴影透视、建筑构造等专业基础课外，有关建筑设计的专业课程大致可分为两类：一，探讨建筑设计的一般规律，包括平面布局、空间组合、交通组织、造型美学等，称为建筑设计原理；二，总结归纳各类建筑的设计经验，通过范例，熟悉该类建筑的设计要点、应注意的问题和已有的设计方法，用以启迪思维、继往开来，称为工程实录或案例分析。

在建筑设计的专业系列教材中：

《中外建筑史》是研究建筑、建筑学发展的过程及其演变的规律，研究人类建筑历史上遗留下来的有代表性的建筑实例，从中了解前人的有益经验，为建筑设计提供营养。"建筑理论"探讨建筑与经济、社会、政治、文化等因素的相互关系；探讨建筑实践所应遵循的指导思想以及建筑技术和建筑艺术的基本规律。建筑理论与建筑历史两者之间有密切的关系。

《建筑材料与构造》是研究建筑物的构成、各组成部分的组合原理和构造方法的学科，主要任务是根据建筑物的使用功能、技术经济和艺术造型要求提供合理的构造方案，指导建筑细部设计和施工，作为建筑设计的依据。

《建筑物理与设备》研究物理学知识在建筑中的应用。建筑设计应用这些知识，为建筑物创造适合使用者要求的声学、光学、热工学的环境。建筑设备研究使用现代机电设备来满足建筑功能要求。建筑设计师应具备这些相关学科的基本知识。

《建筑法规》是研究建筑业的相关法律规范的。建筑法规是指国家立法机关或其授权的行政机关制定的旨在调整国家及相关机构、企业事业单位、社会团体、公民之间在建设活动中或建设行政管理活动中发生的各种社会关系的法律、法规的统称。我国现行的建筑法规包括城乡规划法、土地管理法、房地产管理法、工程建设程序、工程勘察设计法规、招标投标法规、工程建设执业资格制度、注册建筑师条例、著作权法等方面的内容。同时，就建筑设计专业技术而言，又有很多专门的建筑设计规范来约束和控制建筑设计在实用、适用、安全、防火、抗震、疏散、无障碍等方面的技术要求。

总之，建筑设计是一门综合性很强的比较复杂的学问，一个合格的设计师，需要长期的理论知识和执业实践经验的积累。现行的国家注册建筑师制度，要求一级注册建筑师需要具备 3 年及其以上工作经验者才有资格报考，需通过《建筑设计（知识题）》、《建筑经济、施工与设计业务管理》、《设计前期与场地设计》、《建筑物理与建筑设备》、《建筑材料与构造》、《建筑结构》、《建筑方案设计（作图题）》、《场地设计（作图题）》、《建筑技术设计（作图题）》等 9 门课程的考核方能取得资格，足见这一学科的复杂性和综合性。

### 1.1.3　建筑的分类与分级

按照使用性质不同，建筑通常分为三大类：

**1. 民用建筑（civil building）**

民用建筑指供人们在其中居住、生活、工作、学习或进行其他活动的建筑。民用建筑按使用功能又可分为居住建筑（residential building）和公共建筑（public building）两类，前者有住宅建筑、宿舍建筑等，其功能以生活起居为主；后者有教育建筑、办公建筑、科研建筑、文化建筑、商业建筑、体育建筑、交通建筑、医疗建筑、司法建筑、纪念建筑、园林建筑、综合建筑等，其功能以开展各类政治、经济、文化等公共活动为主。

民用建筑按规模和数量分类如下。

（1）大量性建筑：如住宅、宾馆、医院、办公楼、中小型剧院、中小学校等。

（2）大型性建筑：如大型体育场、影剧院、航空港、车站、码头等。

民用建筑按层数或高度分类如下。

（1）住宅建筑按层数分类：1～3层为低层住宅，4～6层为多层住宅，7～9层为中高层住宅，10层及以上为高层住宅。

（2）除住宅建筑之外的民用建筑高度不超过24m，为单层、低层和多层民用建筑，超过24m者为高层建筑（不包括建筑高度超过24m的单层公共建筑）。

（3）建筑高度超过100m的民用建筑均为超高层建筑。

**2. 工业建筑**

工业建筑指为工业生产服务的生产车间及其辅助用房、动力用房、堆场仓储等。按使用功能的不同，工业建筑可分为轻工、纺织、机械、石油、化工、食品等门类。

**3. 农业建筑**

农业建筑指为农（牧）业生产和初加工服务的建筑。如温棚温室、烤烟房、挤奶室、种子库、畜禽饲养场、农田提灌站、农机修理站等。

大部分建筑设计机构的业务范围为民用建筑设计。工业建筑因需要研究工艺流程，其设计业务一般由专门的工业建筑设计机构来承担。我国现阶段的农业发展很不平衡，农业建筑一般规模不大，基本上是依据当地的生产经验和生产需求来建造。

根据最新《民用建筑设计通则》（修订稿），建筑物的分级见表 1.1.1

表 1.1.1　　　　　　　　　　建 筑 物 的 分 级

| 建筑等级 | 使用范围 | 使用年限 |
|---|---|---|
| 一 | 重要的单层、多层和高层公共建筑，超高层民用建筑等 | 100 年以上 |
| 二 | 多层、中高层和高层居住建筑，一般的单层、多层和高层公共建筑 | 50～100 年 |
| 三 | 比较重要的公共建筑和民用建筑 | 25～50 年 |
| 四 | 临时性民用建筑 | 5 年以下 |

### 1.1.4　建筑物的组成

　　一般来讲，建筑由基础、楼（地）层、墙或柱、楼梯、门窗、屋顶等六大基本部分组成（图1.1.5）。此部分内容将在《建筑构造》或《房屋建筑学》的课程学习中继续深化。

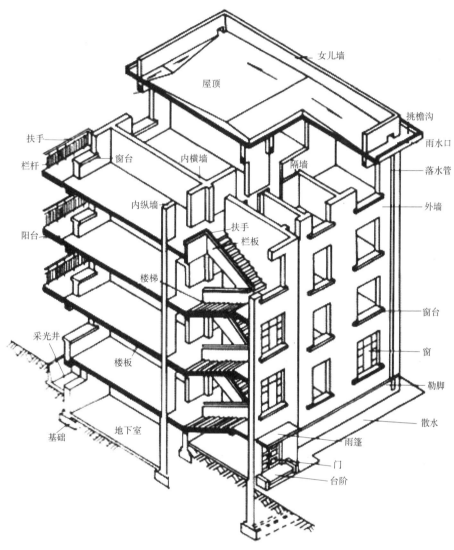

图 1.1.5　民用建筑构造的基本组成

## 课题 2　建筑设计相关知识介绍

**学习目标**

通过本章节的学习，使学生了解建筑设计的内容，熟悉建筑模数的概念及数据，了解人体工程学的相关知识，了解建筑设计中必须考虑的防灾抗震知识。

### 1.2.1　建筑设计内容

就建筑专业而言，建筑设计的基本内容包括总平面设计和单体建筑设计两大块。单体建筑设计又包含建筑平面、建筑立面、建筑剖面、建筑构造大样等内容。这里只是个引子，本书随后的章节将逐步展开介绍。

### 1.2.2　建筑模数

建筑模数（construction module）是指建筑设计中，统一选定的协调建筑尺度的增值单位。亦即选定一个标准尺度单位，作为建筑物、建筑构配件、建筑制品以及有关设备尺寸相互间协调的基础。建筑模数分为基本模数、扩大模数、分模数几个概念。

目前，世界各国均采用 100mm 作为基本模数，用 M 表示，即 1M=100mm。整个建筑物或其中一部分以及建筑组合件的模数化尺寸均应是基本模数的倍数。

扩大模数指基本模数的整数倍。常用的扩大模数有 3M、6M、12M、15M、30M、60M 等 6 个，其相应的尺寸分别为 300mm、600mm、1200mm、1500mm、3000mm、6000mm。这些都是水平扩大模数，主要适用于建筑物及其构配件水平方向的尺寸。其中的 3M、6M 又是竖向扩大模数的基数，主要适用于建筑物的层高等垂直方向的尺寸。

为了既能满足使用要求，又能减少构配件的规格类型，《中华人民共和国国家标准建筑统一模数制》中规定，3M（300mm）是建筑设计中的常用模数。

分模数指基本模数除以整数的数值。分模数的基数为 M/10、M/5、M/2 等 3 个，其相应的尺寸为 10mm、20mm、50mm。

模数数列指以基本模数、扩大模数、分模数为基础扩展成的一系列尺寸。

### 1.2.3　人体工程学

人体工程学（human engineering）也称工效学（ergonomics），是探讨人们劳动、工作效果、效能的规律性的科学。建筑是为人类的生产生活服务的，"以人为本"是建筑设计的核心理念之一，"人体尺度"是建筑设计尤其是室内设计所必须关注的尺度参考。建筑空间与环境以及家具陈设必须适合人的身心活动要求，取得最佳的使用效能，其目标应是安全、健康、舒适和高效能（图1.2.1、图1.2.2）。

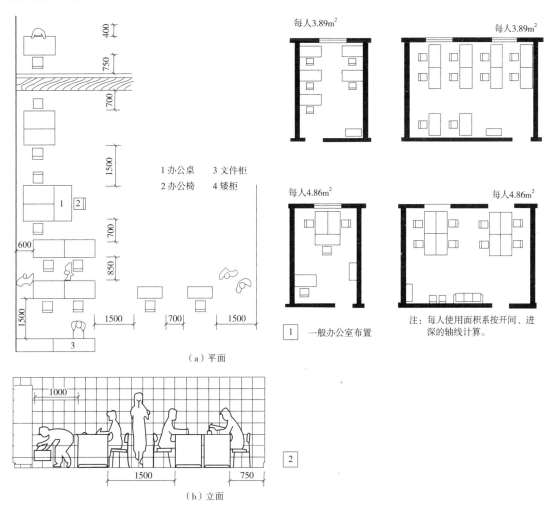

1 办公桌　3 文件柜
2 办公椅　4 矮柜

（a）平面

每人3.89m²　　　　每人3.89m²

每人4.86m²　　　　每人4.86m²

注：每人使用面积系按开间、进深的轴线计算。

1　一般办公室布置

2

（b）立面

图 1.2.1　办公室家具的布置间距

由图1.2.2可知我国古典红木家具设计考究、做工精细，其大小符合人体尺度，使用舒适。靠背板的"S"型弯曲和人体脊椎的生理弯曲相吻合。

人体工程学本身也是一门研究范围较广的学问。对于建筑设计技术专业的大一学生来说，只需知道建筑设计需要关注人体工程学并了解一些相关概念，熟悉常用的设计尺度即可。

（1）肢体活动范围：即肢体的活动空间。它是指人在某种姿态下，肢体所能触及的空间范围。

（2）作业域：人们在工作时的各种作业环境中，在某种姿态下肢体所能触及的空间范围。

（3）人体活动空间：现实生活中人们并非总是保持一种姿势不变，总是在变换着姿势，并且人体本身也随着活动的需要而移动位置，这种姿势的变换和人体移动所占用的空间构成了人体活动空间。

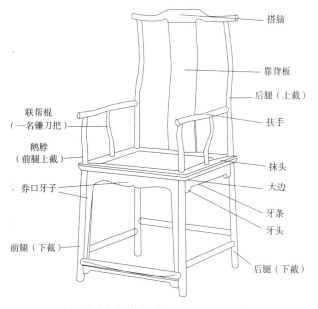

搭脑
靠背板
后腿（上截）
联帮棍（一名镰刀把）
扶手
鹅脖（前腿上截）
抹头
券口牙子
大边
牙条
牙头
前腿（下截）
后腿（下截）

图 1.2.2　明式四出头官帽椅的线描图

（4）视野：视野是指眼睛固定于一点时所能看到的范围。

（5）噪声：即干扰声音，或者是引起烦恼的声音。凡是干扰人的活动（包括心理活动）的声音都是噪声。噪声还能引起人强烈的心理反应，如果一个声音引起了人的烦恼，即使是音乐的声音，也会被人称为噪声，例如某人在专心读书，任何声音对他而言都可能是噪声。

（6）心理空间：人们并不仅仅以生理的尺度去衡量空间，对空间的满意程度及使用方式还取决于人们的心理尺度，这就是心理空间。空间对人的心理影响很大，其表现形式也有很多种。

## 1.2.4 建筑防灾与减灾

作为人类栖息的场所和进行各类活动的物质条件，建筑的安全性是第一位的。直接影响房屋安全的因素，除房屋结构自身的安全性外，当属各类灾害对其的破坏。在各类灾害中，发生频率最多的当属火灾，破坏最大的应该是地震。此外，还有风灾、雪灾、水灾、冰雹、雷击、爆炸、泥石流、陨石雨、机械振动、化学腐蚀、生物作用、人为破坏等诸多方面的因素，影响到建筑及其构配件的使用安全，进而威胁到人们的生命财产安全（图 1.2.3、图 1.2.4）。

图 1.2.3　大火中的建筑

图 1.2.4　地震后的建筑

因此，在建筑设计中，必须具备防灾与减灾的设计理念。此外，在房屋建造施工时，也要牢固树立"百年大计、质量第一"的质量意识。出于对各类多发性灾害的预防，我国政府先后颁布了《消防法》、《地震减灾法》等多项法律、法规，并强制执行，还有诸多的建筑设计规范，来约束建筑设计的质量。例如，《建筑设计防火规范》（GB 50016—2006）、2005 版《高层民用建筑设计防火规范》（GB 50045—1995）、《建筑抗震设计规范》（GB 50011—2010）等，需要我们逐步学习和掌握。

此外，建筑空间、建筑与环境等都是我们需要关注和研究的专业内容。

总之，《建筑设计基础》是建筑设计技术专业的一门重要的基础课程，它的任务是使学生初步了解建筑及建筑设计；通过一系列的专项练习，使学生初步掌握建筑设计的基本方法。

# ARCHITECTURAL DESIGN
## BASIS
### Chapter 2

模块2
# 建筑设计分项学习

## 课题 1 总平面设计

**学习目标**

了解总平面设计的基础知识，认知总平面设计的基本图例，熟悉总平面设计的相关技术及理论，能够正确领会一幅总平面图所反映的信息，能够综合运用总图制图知识来绘制项目总图，能够较好地胜任中小型项目的总平面设计。

### 2.1.1 基础知识部分

#### 2.1.1.1 术语

建筑设计图纸通常包括总平面图、平面图、立面图、剖面图和建筑详图等。

**1. 总平面图（general layout plan）**

总平面图是表明一项建设工程总体布局情况的图纸。它是在建设基地的地形图上，把已有的、新建的和拟建的建筑物、构筑物以及道路、绿化及各类场地等按照与地形图同样比例绘制出来的平面图（图 2.1.1）。

**2. 总平面设计（master plan）**

总平面设计又叫场地设计（site plan）。它的主要任务是对建筑基地内的建筑单体、路网交通、景观绿化、管线综合等建筑要素进行宏观布局，对建筑外部空间形态进行合理组织。总平面设计应立足于基地的现状条件，满足建设项目的规划要求和相关的法规、规范，科学合理地组织场地中各构成要素之间的相互关系，形成一个功能布局合理、交通联系方便、空间形态优美的有机整体，并与地形和周边环境取得和谐。

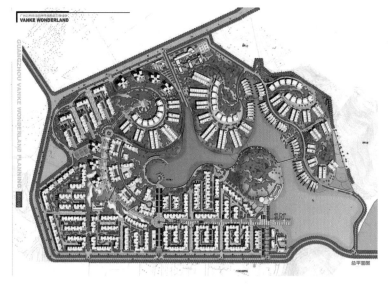

图 2.1.1 广州某楼盘总平面图

总平面图反映了基地的地形、地貌、紧邻的周边状况、各建筑单体的排布位置及相互关系、基地内部交通和对外联系、景观绿化等内容。

由于建设工程的性质、规模以及所在基地的地形、地貌的不同，总平面图所包含的内容有的较为简单，有的则比较复杂，甚至需要分项绘出建筑定位图、竖向布置图、管线综合图、景观绿化图等。

### 2.1.1.2 总平面制图知识

一幅总平面图的绘制，通常要包含以下内容和知识点。

（1）制图比例（drawing ratio）：确定制图比例是总平面制图工作的第一步。常用比例为1:300，1:500，1:1000，1:1500，1:2000。分母越小，比例尺（分数）越大，一定范围的图幅所表示的实地范围越小，图纸内容越有可能做得更详细。

比例尺有两种表示方式：数值式和线段式。前者为分数，分子为图上尺度，分母为实际尺度；后者为线段图标，表示图上的单位长度相当于实际地形的某个尺度（图2.1.2）。

比如，按比例绘制和打印的图上1cm长度分别代表实地长度的3m、5m、10m，则其对应的比例尺则为1:300、1:500、1:1000，以此类推。

在总平面图上，比例尺通常和指北针一起，放在图面的右上角。

（2）线型及图例：一幅总平面图的常用制图线型有粗实线、细实线、点划线、虚线等（图2.1.3）。

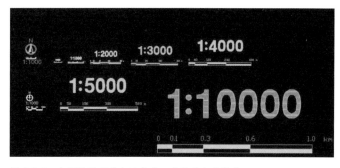

图2.1.2 比例尺的两种表达方式：数值式和线段式

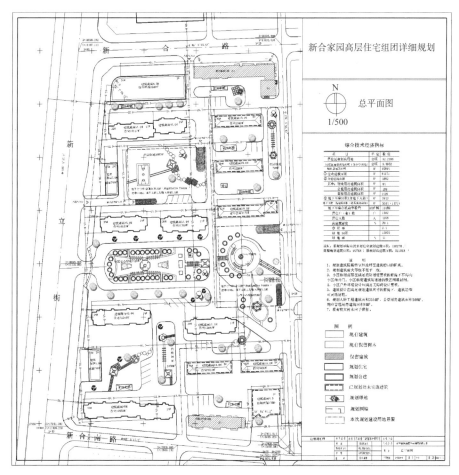

图2.1.3 总平面图

（3）指北针（compass）：指北针是一种用于指示方向的工具，广泛应用于各种场景下的方向判读，譬如航海、野外探险、各类地图阅读等。一般来说，绘制总平面图应当遵循"上北下南、左西右东"的制图原则，但有时为了绘制和布图上的方便，指北针也可以根据实际地形条件作适当的角度调整。为了体现个性和创意，指北针图标的样式可以丰富多彩，这样可以使图面看起来更加美观（图 2.1.4）。

（4）风玫瑰图：也叫"风向频率玫瑰图"，它是根据某一地区多年来统计的平均风向和风速的百分数值，按一定比例绘制，一般多用 8 个或 16 个罗盘方位表示（图 2.1.5）。由于该图形似玫瑰花朵，故名"风玫瑰（wind rose）"。

如图 2.1.5 所示，图中 8 个罗盘方位：东、南、西、北；东北、东南、西南、西北。

图 2.1.4　各式各样的充满创意的指北针图标

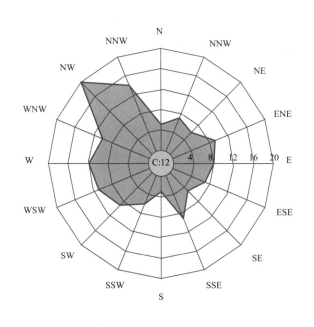

图 2.1.5　玫瑰图上所表示风向（即风的来向），是指从外围吹向地区中心的方向。

16 个罗盘方位：东、南、西、北；东北、东南、西南、西北；北东北、东东北、东东南、南东南；南西南、西西南、西西北、北西北。

我们在做建筑的朝向设计及群体布局时，要考虑到当地的风向资料。风玫瑰图作为项目设计的基础资料，是由当地气象部门根据多年测定结果绘制而成并提供给当地城市规划管理部门的。我们在做项目时，只需引用绘制好的风玫瑰图即可。在当今资讯发达的时代，我们也可在网上轻松查询到全国各主要地市的风玫瑰图。

（5）广场铺地：根据具体项目的具体设计采用相应的图形表示，通常为细实线，根据图案表达需要，常有局部的灰度或色彩填涂。常见的设计手法是利用材料的不同质感、色彩或形状，组成网格形、圆形、贝壳形、波浪形等图案，或者是西式的几何形体、中式的自由流转等平面构成手法。也可以做出高差，形成下沉或上升广场（图 2.1.6）。

**总平面图**

图 例
1. 广场入口
2. 图腾柱
3. 中央喷泉
4. 浮雕墙
5. 大屏幕电视
6. 纪念碑
7. 公共厕所
8. 管理用房
9. 停车场
10. 博物馆
11. 第五战区
　　长官司令部
12. 奥华国际
　　大酒店

图 2.1.6　老河口市抗战文化广场总平面设计

（6）绿地绿化：草坪一般用疏密有致的实心小圆点表示，乔灌木可以简化成大小合乎比例的圆圈，有的还配以疏密有致指向圆心的放射线。绿化配置的设计表达可以参考树木的程式化画法（图 2.1.7）进行绘制，也可以参考或直接调用电脑图库中的植物平面图（图 2.1.8）进行绘制。精心设计和表达的绿化配置图往往会成为总图方案表达的亮点。

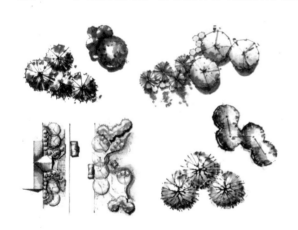

图 2.1.7　手绘平面植物配景

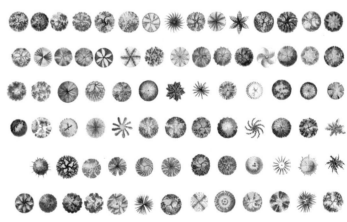

图 2.1.8　电脑图库中常见的平面植物配景

### 2.1.1.3　总平面图的基本内容

总平面图的图纸内容包括建筑工程所在地的地理位置和周围环境，新建建筑的基底轮廓，建设基地的外形轮廓、路网交通、景观绿化、停车场地等。总平面图中应标明新建建筑的层数、室内外地面标高、场地排水和管线的布置情况，并标明原有建筑、道路、绿化等和新建筑的相互关系以及环境保护方面的要求等（图 2.1.9、图 2.1.10）。

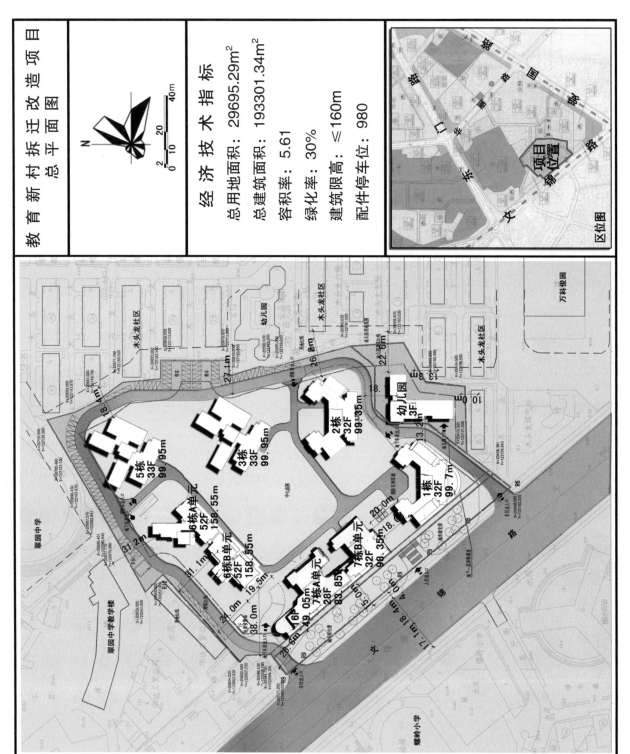

图 2.1.9 深圳某项目总平面图

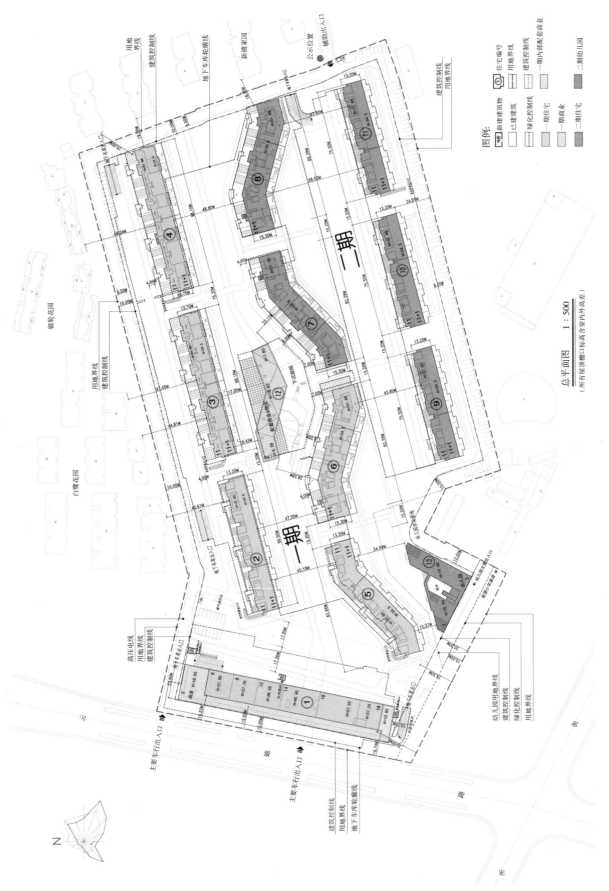

总平面图　1 : 500
（所有屋顶顶檐口标高含室内外高差）

图 2.1.10　南京某楼盘总平面图

一般来讲，一幅总平面图应包含以下信息。

（1）交通布局：指基地的内外交通，包括车行道、人行道、消防车道和停车场地。

（2）道路设计：路宽、坡度、弯转半径设计、道路断面设计等技术性问题。

（3）建筑定位：退红线、建筑布局（综合考虑功能、交通、风向等因素）、建筑间距（综合考虑日照、消防、卫生、通风及工程管线埋设）。

（4）竖向设计：包括 ±0.000 的确定，道路标高、场地标高、排水设计、地下室顶板覆土深度等。

（5）指北针、比例尺、风玫瑰图：表明图纸的方位、绘制比例及常年主导风向。

（6）图例：包括通用图例和本图自用图例。

（7）建筑名称及层数：表明建筑的名称或编号，表明建筑层数（地面以上）。

（8）技术经济指标：通常以表格的形式列出，包括总用地面积、总建筑面积、容积率、绿化率、建筑密度、停车位等。

1）容积率（plot ratio）：是指项目规划建设用地范围内地面以上总建筑面积与规划建设总用地面积之比。容积率的数值可以大于1，也可以等于或小于1。容积率的数值越大，表明建设基地的建筑开发强度越大。

2）建筑密度（building density）：即建筑覆盖率，指项目用地范围内所有建筑物基底总面积与规划建设总用地面积之比。建筑密度数值小于1。

3）绿化率：是指规划建设用地范围内的绿地面积与规划建设用地面积之比。

注：以上所提到的规划建设用地面积是指项目用地红线范围内的土地面积，一般包括建设基地内的道路面积、绿地面积、建筑物（构筑物）基底所占面积、广场或运动场地等。

（9）标题栏或图纸会签栏：标题栏或图纸会签栏，各个设计单位会有自己的格式，有自己的公司全称或者 LOGO，并无统一刻板的规定，只要表现手法清晰明了，表达信息齐全即可。

应当指出的是，在方案阶段和施工图阶段，总平面图的表达侧重点是不同的。方案阶段侧重于形象化表达，图面美观，以充分表达设计意图；施工图阶段则是工程化表达，严谨理性，需要标注各类数据，用以指导施工。

思考题：请从图 2.1.10 中读出以下信息，常年主导风向、用地红线（用地界线）、建筑红线（建筑控制线）、一期建设住宅栋数、二期建设住宅栋数，除住宅建筑外，基地内还有哪些配套建筑。

## 2.1.2 设计技术部分

### 2.1.2.1 日照间距

日照间距指前后两排南向房屋之间，为保证后排房屋在冬至日底层获得不低于一小时的满窗日照而保持的最小间隔距离（图 2.1.11）。依照《民用建筑设计通则》（GB 50352—2005）规定，托儿所、幼儿园的主要生活用房，冬至日应能获得不小于 3h 的日照；老年人住宅、残疾人住宅的卧室、起居室，医院、疗养院半数以上的病房和疗养室，中小学半数以上的教室冬至日应能获得不小于 2h 的日照。

由图可知：

$$\tan h = (H - H_1) / D$$

式中　$h$——太阳高度角；

$H$——前幢房屋檐口至地面高度；

$H_1$——后幢房屋窗台至地面高度；

$D$——日照间距。

由此得日照间距应为：

$$D = (H - H_1) / \tan h$$

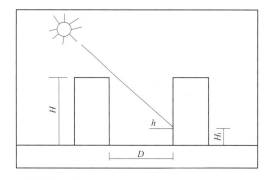

图 2.1.11　日照间距示意

日照间距也可以根据日照间距系数 $L$ 换算过来。以便于根据不同建筑高度算出相同地区、相同条件下的建筑日照间距。

由 $L = D / (H - H_1)$ 换算出：

$$D = L \times (H - H_1)$$

即得出日照间距的计算公式：

$$日照间距\ D = L \times (H - H_1)$$

纬度不同的地方，日照间距系数 $L$ 的数值也会有所不同。我国地处北半球，北方城市的日照间距系数大于南方城市。日照间距系数 $L$ 的数值由各地规划管理部门给出。

如果房间所需日照时数有所增加，其日照间距也就相应加大。如果建筑的朝向不是正南向，其间距也会有所变化。在坡地上布置房屋，在同样的日照要求下，由于地形坡度和坡向的不同，日照间距也会随之改变。当建筑平行于等高线布置时，向阳坡地，坡度越陡，日照间距可以越小；反之，越大。有时为了争取更多的日照时间，减少建筑间距，可以将建筑斜交或垂直于等高线布置。

对于住宅建筑的正面间距，应按日照标准确定的不同方位的日照间距系数控制，也可采用《城市居住区规划设计规范》（GB 50180—1993）中给出的不同方位间距折减系数（表 2.1.1）换算。

表 2.1.1　　　　　　　　　　　　不同方位间距折减系数换算表

| 方位 | 0°～15° | 15°～30° | 30°～45° | 45°～60° | >60° |
|------|---------|----------|----------|----------|------|
| 折减值 | 1.00 $L$ | 0.90 $L$ | 0.80 $L$ | 0.90 $L$ | 0.95 $L$ |

注　1. 表中方位为正南向（0°）偏东、偏西的方位角。
　　2. $L$ 为当地正南向住宅的标准日照间距（m）。

在总平面设计中，日照间距是建筑物间隔布局的重要指标之一。

### 2.1.2.2　消防设计

消防设计是总平面设计中的另一个重要知识点。在总平面设计中，消防设计所考虑的内容主要包括：建筑之间的防火间距、消防车道设计、安全疏散设计、室外消防给水设计等。

建筑之间的防火间距如表 2.1.2、表 2.1.3 所示。

表 2.1.2　　　　　　　　　　民用建筑之间的防火间距　　　　　　　　　　单位：m

| 耐火等级 | 一级、二级 | 三级 | 四级 |
|----------|-----------|------|------|
| 一级、二级 | 6.0 | 7.0 | 9.0 |
| 三级 | 7.0 | 8.0 | 10.0 |
| 四级 | 9.0 | 10.0 | 12.0 |

表 2.1.3　　高层建筑之间及高层建筑与其他民用建筑之间的防火间距　　单位：m

| 建筑类别 | 高层建筑 | 裙房 | 其他民用建筑 | | |
| --- | --- | --- | --- | --- | --- |
| | | | 耐火等级 | | |
| | | | 一级、二级 | 三级 | 四级 |
| 高层建筑 | 13 | 9 | 9 | 11 | 14 |
| 裙房 | 9 | 6 | 6 | 7 | 9 |

（1）建筑物的耐火等级：通常用耐火等级来表示建筑物所具有的耐火性。我国现行规范是以楼板的耐火极限作为确定耐火等级的基准，《高层民用建筑设计防火规范》（GB 50045—1995）把高层民用建筑耐火等级分为一级、二级；《建筑设计防火规范》（GB 50016—2006）分为一级、二级、三级、四级，一级最高，四级最低。

（2）耐火极限（fire resistance rating）：指对任一建筑构件按时间—温度标准曲线进行耐火试验，从受到火的作用时起，到失去稳定性或完整性或绝热性时为止的这段时间，用小时表示。

失去稳定性即失去支持能力或抗变形能力，适用于主要受力构件，如梁、柱等；失去完整性的标志是出现穿透性裂缝或穿火的孔隙，适用于分隔构件，如楼板、隔墙等；失去绝热性即失去隔火作用，适用于分隔构件，如墙、楼板等。

（3）消防车道（fire lane）：指火灾时供消防车通行的道路。按照《建筑设计防火规范》（GB 50016—2006），消防车道应符合如下要求：

1）消防车道的净宽和净空高度均不应小于 4.0m。

2）环形消防车道至少应有两处与其他车道连通。尽头式消防车道应设回车道或面积不小于 12m×12m 的回车场。供大型消防车使用的回车场面积不应小于 15m×15m。消防车道下的管道和暗沟应能承受大型消防车的压力。

3）消防车道穿过建筑物的门洞时，其净高和净宽不应小于 4m；门垛之间的净宽不应小于 3.5m。

依照 2005 版《高层民用建筑设计防火规范》（GB 50045—1995），高层民用建筑"应设环形消防车道"或"沿建的两个长边设置消防车道"；"消防车道的宽度不应小于 4.00m"；"消防车道距高层建筑外墙宜大于 5.00m"；"消防车道与高层建筑之间，不应设置妨碍登高消防车操作的树木"。规范中还规定："高层建筑的底边至少有周边长度的 1/4 且不小于一个长边长度"作为消防车登高操作面，且"在此范围内必须设有直通室外的楼梯或直通楼梯间的出口"。建筑物至少两个长边距建筑物外墙 5～9m 的范围作消防车通道，一个长边 0～10m 或 15m 的范围内应考虑消防车的承重和消防车登高操作，在此范围不得布置假山、水池、树木等园林绿化设施，且必须保证地面能承重大型消防车 30t 的荷载。

依据《建筑设计防火规范》（GB 50016—2006）条文说明 6.0.10，普通消防车的转弯半径是 9m，登高车的转弯半径是 12m，一些特种车辆的转弯半径是 16～20m。

室外消火栓间距大于 120m。

相关规范请参考：

1）《建筑设计防火规范》　　　　　　　　　　　　（GB 50016—2006）

2）《高层民用建筑设计防火规范》　　　　　　　　（GB 50045—1995）（2005 年版）

3）《汽车库、修车库、停车场设计防火规范》　　　（GB 50067—1997）

4)《人民防空工程设计防火规范》 （GB 50098—2009）

### 2.1.2.3 场地设计

场地设计是总平面设计的另一种提法。包括场地分析、地形设计、场地剖面、地面停车场、绿化布置和管道综合等方面的内容。本小节重点是在功能布局合理的基础上，依据相关规范及设计条件，确定各建筑要素在建设场地中的必要间距及场地分析、地面停车场等内容，相关知识要点如下：

（1）建筑退界：依据规划要求，确定建筑后退各种边界线（用地红线、道路红线、蓝线、城市绿线、城市紫线等）的距离。

道路红线是指城市道路（含居住区级道路）的规划用地边界线。

蓝线是指城市规划管理部门按照城市总体规划确定的长期保留的河道规划线。

城市绿线是指在城市规划建设中确定的各种城市绿地的边界线。

城市紫线是指历史文化街区的保护范围线。

（2）防护距离：高压线、地下工程、古树名木、卫生隔离等，依据规划要求及相关规范确定。

（3）防火间距：多层与多层、多层与高层建筑间的防火间距，参见表 2.1.2、表 2.1.3。

（4）日照间距：根据给定的日照间距系数和建筑高度来计算。

（5）日照分析：太阳方位角、太阳高度角的分析。太阳高度角是指直射阳光与水平面的夹角。太阳方位角是指直射阳光水平投影和正南方位的夹角，方位角以正南方向为零，向西逐渐变大，向东逐渐变小，直到在正北方合在 ±180°。

（6）防噪间距：即建筑物与噪声源之距。依据相关规范，学校主要教学用房的外墙面与铁路的距离不应小于 300m，与机动车流量超过每小时 270 辆的道路同侧路边的距离不应小于 80m；两排教室的长边相对时，其间距不应小于 25m，教室的长边与运动场地的间距不应小于 25m。

（7）建筑高度控制：依据规划条件中的建筑限高确定。建筑限高是指场地内建筑物的最高高度不得超过一定的控制高度，建筑高度指建筑物室外地坪至建筑物顶部女儿墙或檐口的高度。

（8）通视要求：依据相关规范，停车场、停车库的车辆出入口，距离城市道路的规划红线不应小于 7.5m，并在距出入口边线内 2m 处作视点的 120°范围内至边线外 7.5m 以上不应有遮挡视线的障碍物（见图 2.1.12）。

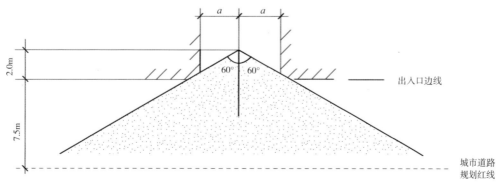

图 2.1.12　汽车库库址车辆出入口通视要求
a—视点至出口两侧的距离

（9）地形分析：高差、坡度分析，场地剖面及竖向设计。是对基地的自然地形及建、构筑物进行垂直方向的高程设计。建筑室内地坪标高应高出室外场地地面设计标高，且不应小于 0.15m。

（10）边坡或挡土墙退让：依据相关规范，高度大于 2m 的挡土墙和护坡的上缘与建筑间水平距离不应小于 3m，其下缘与建筑间的水平距离不应小于 2m。

（11）地面停车场：小汽车的地面停车位标准尺寸为 3m×6m，双向车行道为 7m，停车场与耐火等级为一级、二级的民用建筑的间距为 6m，残疾人车位的一侧，应设宽度不小于 1.20m 的轮椅通道，更多相关知识参见相关规范。

### 2.1.2.4　建筑在总平面图上的画法

在总平面图上，建筑有两种画法。

（1）以粗实线画出建筑的底层轮廓，并标出主要出入口的位置和建筑层数（多层用相应个数的小圆点表示、高层用阿拉伯数字 +F 表示）。这种画法简洁明晰，方便标注建筑的定位坐标，能准确表示建筑占地的真实情况，是国家制图标准的规范画法，常用于建筑施工图设计（图 2.1.13）。

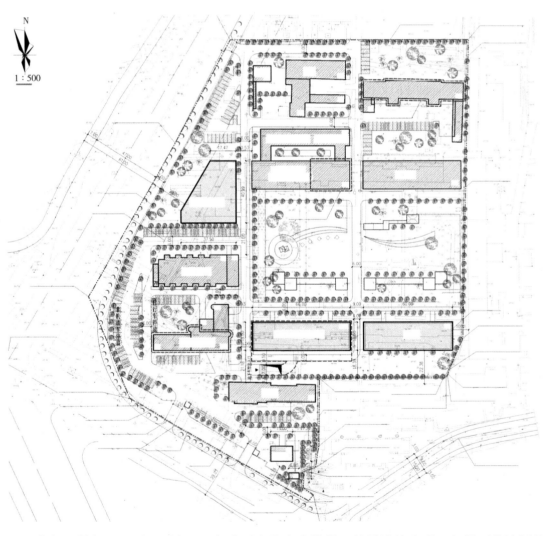

图 2.1.13　总平面上的建筑用基底轮廓表示

（2）建筑物用屋顶平面表示，相当于人从空中俯视，效果比较直观。如果再按比例绘制建筑阴影，则更加形象生动，建筑群的前后进退、高低错落，一目了然。此画法亦需标注建筑层数和主要出入口位置，常用于建筑方案设计（图2.1.14）。

基地鸟瞰图是总平面图的立体化表现，如图2.1.15所示。

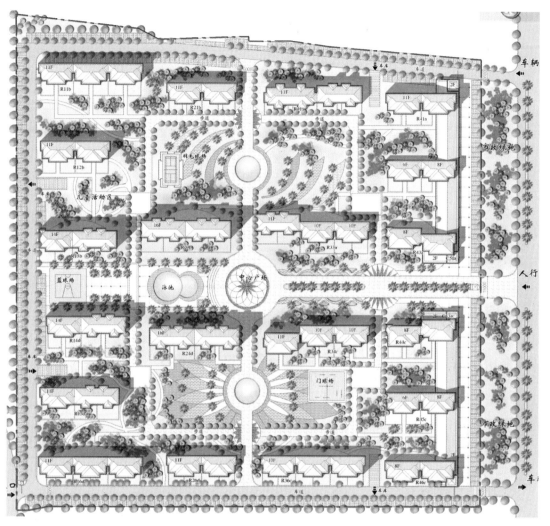

图 2.1.14　总平面上的建筑用屋顶轮廓表示

图 2.1.15　某楼盘鸟瞰图

### 2.1.3 案例学习

不同规模的建筑群体及建筑类型，有不同的总平面设计形式。作为初学者，我们先从中小规模的建筑群入手，循序渐进，学习建筑总平面设计技术。抄绘优秀案例的图纸犹如练毛笔字的临帖，也是初学者的入门方法之一。

#### 2.1.3.1 案例1 某职业技术学校总平面图

图2.1.16为某职业技术学校的总平面图。为布图美观方整，该图指北针略有偏角。该校校址用地规整，西侧场地平坦，建造方便，为教学区；东侧有矮丘绿地，风景优美，为运动区。学校设南北两个主要出入口，路网规划合理，交通便捷。

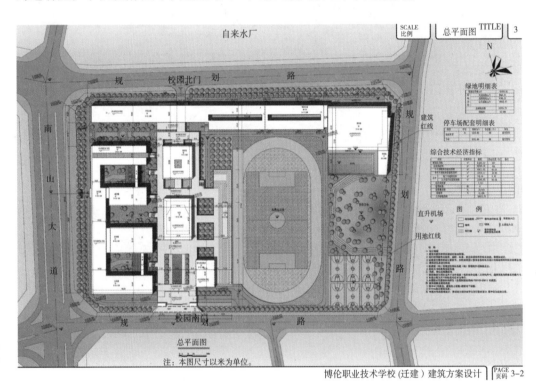

图2.1.16 某职业技术学校总平面图

阅读图2.1.16所示的总平面图，回答以下设计要点：

（1）两排教室场边相对时，其间距最小应为多少？

（2）教室的长边与运动场地的间距不应小于多少？

（3）标准运动场（400m跑道）的尺寸是多大？长轴方向？

（4）双车道路面的宽度是多少？弯转半径需要多大？

#### 2.1.3.2 案例2 某住宅小区总平面图

图2.1.17为某居住小区的总平面图。该小区用地较为方整，沿道路外围布置住宅楼、幼儿园和商铺。小区最南一排为6层的多层住宅，往北有2排11层的高层住宅，围合成中央景观带，小区最北侧为一排15~18层的高层住宅楼。所有住宅楼均具有较好的朝向。

在交通组织上，该小区实现人车分流。小区东西两侧为城市道路，南北两侧为小区内车行道路。人行主入口设在东侧，次入口设在西侧。小区内宅前小路曲折流畅。

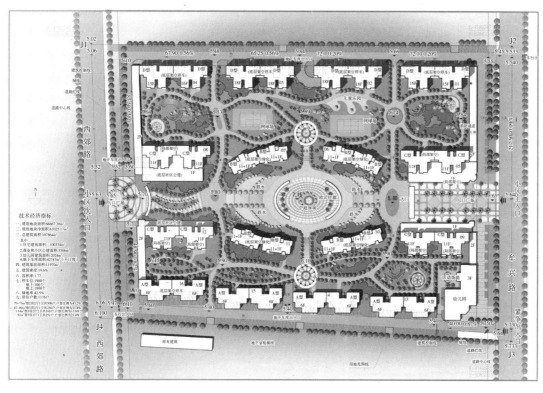

图 2.1.17 某住宅区总平面图

中央景观带附近的4栋住宅楼做底层架空处理，使内部景观流转贯通，集中大气。两个网球场地布局分散，形状与周围路网不够契合，是为不妥。

### 2.1.3.3 案例3 某小型居住区景观规划总平面图

图2.1.18为某小型居住区景观规划总平面图。小区用地紧凑，有2栋楼房为底层架空式，与庭院景观相互渗透，实现景观场地的最大化。该小区有山（土丘）有水（荷池），有树有林，有花架长廊，有溪流水榭，有喷水景墙，有舞台座椅，有活动场地……景观元素十分丰富。该总图布局有收有放，有疏有密，路网契合地形，形成两个景观组团，是一个比较成功的设计案例。

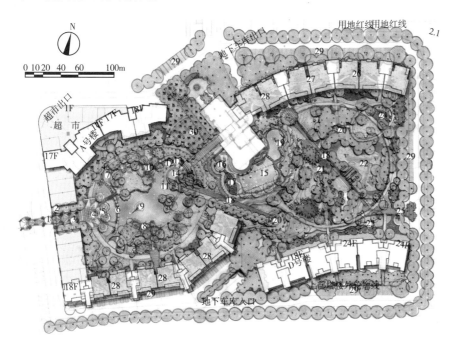

特色景点:

| | |
|---|---|
| 1.主入口 | 16.按摩池 |
| 2.岗亭 | 17.泳池平台 |
| 3.入口大道 | 18.木廊道 |
| 4.特色雕塑 | 19.弧形景墙 |
| 5.观湖平台 | 20.景亭 |
| 6.栈桥 | 21.散步道 |
| 7.荷花池 | 22.微型高尔夫球场 |
| 8.咖啡平台 | 23.小溪流 |
| 9.高喷 | 24.木平台 |
| 10.小瀑布 | 25.次入口 |
| 11.喷泉水景 | 26.儿童活动场 |
| 12.喷水景墙 | 27.棋苑 |
| 13.临水台阶 | 28.架空层花园 |
| 14.小舞台 | 29.生态停车场 |
| 15.成人泳池 | 30.树阵广场 |

图 2.1.18 某小型居住区景观规划总平面图

### 2.1.4 实训项目

#### 2.1.4.1 实训项目 1 抄绘总平面图（2 学时）

图 2.1.19 是某医院总平面图，请在一张 A3 图纸上抄绘该图。

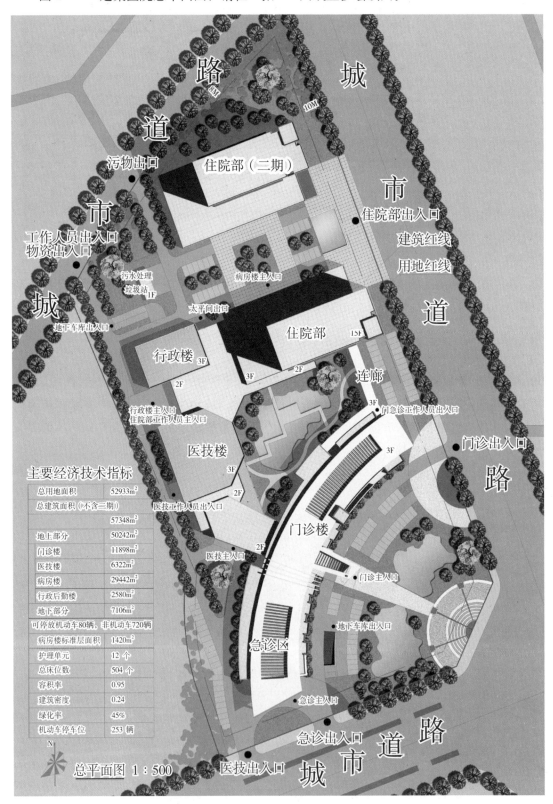

| 主要经济技术指标 | |
|---|---|
| 总用地面积 | 52933m² |
| 总建筑面积（不含三期） | |
| | 57348m² |
| 地上部分 | 50242m² |
| 门诊楼 | 11898m² |
| 医技楼 | 6322m² |
| 病房楼 | 29442m² |
| 行政后勤楼 | 2580m² |
| 地下部分 | 7106m² |
| 可停放机动车80辆，非机动车720辆 | |
| 病房楼标准层面积 | 1420m² |
| 护理单元 | 12 个 |
| 总床位数 | 504 个 |
| 容积率 | 0.95 |
| 建筑密度 | 0.24 |
| 绿化率 | 45% |
| 机动车停车位 | 253 辆 |

总平面图 1：500

图 2.1.19 某医院总平面图

要求：

（1）正确运用合适的线型，成稿用黑色墨线＋彩铅表示。

（2）理解建筑的总平面布局，注意功能分区的合理性（内与外、动与静、洁与污），各出入口的独立性，各楼房之间的联系。

（3）思考污水处理和垃圾站为何设在基地的西北角？

（4）绘制路网及广场铺地。

（5）绘制景观绿化。

（6）尺寸可允许稍有出入。

（7）标注指北针，题写图名及比例，标注相应的文字说明。

### 2.1.4.2 实训项目 2 某住宅小区庭院总平面布局设计（6 学时）

图 2.1.20 是某小区的总平面布局示意图。该项目占地 17314m²，总建筑面积 48480m²，由两栋 12 层（南部）、两栋 17 层的小高层组成（北部），南北通透，计 488 套住房。

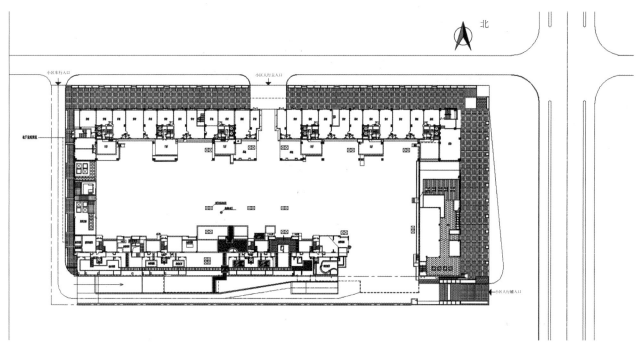

图 2.1.20 某小区庭院总平面设计原始图

该项目有人行入口 2 个，车行入口 1 个。庭院由建筑围合而成。

（1）任务目标（任务要求）。该小区为独立楼盘，地基全部开挖，作为地下停车库。庭院景观部分皆在地下车库顶上修建。"麻雀虽小，五脏俱全"，该小区景观内容包括：水景、健身步道、乔木绿化、灌木绿化、草坪及草本花卉绿化、健身区、幼儿游戏区、休息廊、休息亭、乒乓球台、棋牌桌椅等内容。绿化覆盖率不小于 30%。小区人车分流，小型车辆可由西南角入地下车库，但用于搬家的中型车辆经保安允许后可以直达各单元门口。

（2）任务分析（制定计划并作出决定）。该小区用地紧凑，但功能较齐全。为节约用地，应由通达单元门口的硬铺地来解决庭院交通。绿化以点植乔木（硬化地面留栽植坑）、乔灌木搭配种植为主。该小区南侧楼房为底层架空，可布置乒乓球台、棋牌桌椅等内容。小区东南角人行入口，可做主题景观水幕墙。东部开敞处可做景观水池。

（3）任务实施（实施计划）。先作出总体规划布局、铺地区域及图案，接着配置绿化、水体、景观小品、健身器材等内容，再逐步深化、完善设计，最后成图。

（4）任务评价。功能分区明确合理，庭院交通满足各单元的可达性（包括中型货车），绿化覆盖率达标，景观内容满足任务书的要求。

（5）参考答案。图 2.1.21 是本项目的试做方案。小区命名为阳光第五季，根据这一信息，庭院总平面设计的大框架为"海上日出"，半轮初阳，六道光芒，铺地也有花朵图案，景观元素为常见题材，有花架廊道、水池喷泉、草坪植物、铺地座椅等。

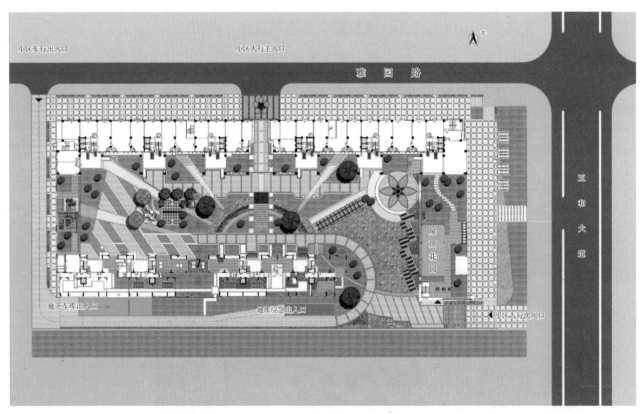

图 2.1.21 某小区总平面图试做方案

　　注：教师也可根据本地适合初学者练习的某一工程实例，发布设计任务书，布置总平面设计大作业。

## 课题2 建筑平面设计

**学习目标**

通过本章学习了解建筑平面设计的主要内容及表达方式，相关制图标准，建筑平面组合设计要点及依据，建筑设计防火相关规定，无障碍设计相关要求；主要建筑结构形式及其特点等。

本章主要内容包括建筑平面图的主要内容及表达方式，制图标准要求；建筑平面设计的设计依据，建筑平面的主要组成部分及组合设计要点；民用建筑设计防火相关要求；无障碍设计相关要求；主要建筑结构形式及其特点等。

## 2.2.1 基础知识部分

### 2.2.1.1 术语

建筑设计图纸通常包括总平面图、平面图、立面图、剖面图和建筑详图等。

建筑平面图是表达建筑物的平面形状，房间的布局、形状、大小、用途、墙柱的位置、门窗的类型、位置、大小、各功能空间组合关系的图纸。建筑平面图是假想用一水平剖切平面，在所表达层门窗洞口范围内，将建筑物水平剖切，对剖切平面以下部分所做的水平正投影图（如图2.2.1所示）。

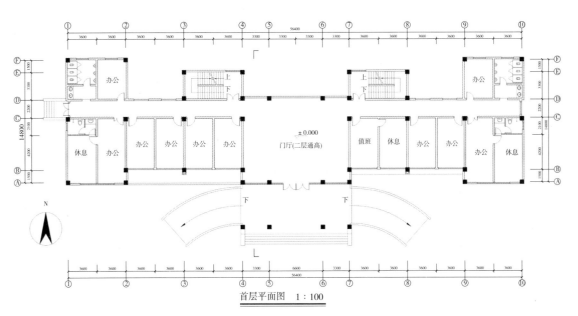

首层平面图 1:100

图2.2.1 某办公楼建筑首层平面图

建筑平面图设计，又叫建筑功能组织设计，它的主要任务是根据各类建筑的功能要求，综合考虑主要使用房间、辅助房间、交通联系空间的相互关系，结合基地环境、经济条件、技术条件（包括材料、结构、设备、施工）等，来确定各功能房间的大小和形式，房间和房间之间以及室内及室外之间的分隔与联系方式，采取不同地组合方式将各个独立功能房间合理地组织起来，使建筑物的平面组合满足实用、经济、美观、流线清晰和结构合理的要求。

对于多层建筑，一般每层应有一个单独的平面图。但一般建筑常常是中间几层平面布置完全相同，这时就可以省掉几个平面图，只用一个平面图表示，这种平面图成为标准层平面图。一个建筑物的平面图表达，一般包括：底层平面图（表示第一层房间的布置、建筑入口、门厅及楼梯等）；标准层平面图（表示中间相同平面层的布置）；顶层平面图（房屋最高层的平面布置图以及屋顶平面图，即屋顶平面的水平投影）。

### 2.2.1.2 平面图制图知识

建筑平面图的规定画法如下。

#### 1. 线型及线宽

平面图常用制图线型有粗实线、细实线、点划线、虚线等。平面图中被剖切平面剖到的墙、柱等主要承重构件用粗实线绘制；被剖切到的次要构建的轮廓线以及未剖到但投影方向可见的建筑构配件的轮廓线用中实线绘制；平面中图例填充线、家具线、纹样线等用细实线绘制；轴线用点划线绘制；而高窗、洞口、通气孔、槽、地沟及起重机等不可见部分则应以虚线绘制。

#### 2. 制图比例

建筑物的平面图比例一般选用 1∶50、1∶100，1∶200 等。比例尺标注可以用阿拉伯数字，也可以用图标。

#### 3. 其他规定

《建筑制图统一标准》（GB 50104—2010）对于建筑平面图的绘制也有部分规定。

（1）建筑物平面图应在建筑物的门窗洞口处水平剖切俯视（屋顶平面图应在屋面以上俯视），图内应包括剖切面及投影方向可见的建筑构造以及必要的尺寸、标高等，如需表示高窗、洞口、通气孔、槽、地沟及起重机等不可见部分，则应以虚线绘制。

（2）平面图的方向宜与总图方向一致。平面图的长边宜与横式幅面图纸的长边一致。

（3）在同一张图纸上绘制多于一层的平面图时，各层平面图宜按层数由低向高的顺序从左至右或从下至上布置。

（4）除顶棚平面图外，各种平面图应按正投影法绘制。

（5）建筑物平面图应注写房间的名称或编号，编号注写在直径为 6mm 细实线绘制的圆圈内，并在同张图纸上列出房间名称表。

（6）平面较大的建筑物，可分区绘制平面图，但每张平面图均应绘制组合示意图。各区应分别用大写拉丁字母编号。在组合示意图中要提示的分区，应采用阴影线或填充的方式表示。

### 2.2.1.3 平面图的基本内容

（1）平面的总尺寸、开间、进深尺寸或柱网尺寸（也可用比例尺表示）。

（2）各主要使用房间的名称。

（3）结构受力体系中的柱网、承重墙位置。

（4）各楼层地面标高、屋面标高。

（5）室内停车库的停车位和行车线路。

（6）底层平面图应标明剖切线位置和编号，并应标示指北针。

（7）必要时绘制主要用房的放大平面和室内布置。

（8）图纸名称、比例或比例尺。

## 2.2.2　设计技术部分

### 2.2.2.1　建筑设计的一般规定

建筑设计是建筑工程设计的一部分，在整个建筑工程设计中起主导和龙头作用，一般由建筑师来完成，它主要根据设计任务书，在满足规划要求的前提下，对基地环境、建筑功能、结构施工、材料设备、建筑经济和艺术形象等方面做全面的综合分析，在此基础上提出建筑设计方案，然后进行初步设计和施工图设计，对于大型和复杂的工程，还要增加技术设计阶段。

建筑师在建筑设计时应综合考虑下列问题。

**1. 建筑与基地周围环境之间的关系处理**

任何建筑都处在一定的环境中，场地环境是建筑得以存在并展现魅力的舞台，建筑与周围环境既有各种功能联系，又共同组成地段上的景观。如果说功能从内部制约形式的话，那环境则从外部影响形式，从某种意义上甚至可以说环境就是建筑的一部分，任何建筑都只有当它和环境融合在一起组成一个统一的有机整体，才能充分地显示出它的价值及表现力，一旦脱离了环境，建筑就会因失去烘托而大为减色。

**2. 建筑的功能和使用要求**

满足建筑的功能和使用要求是建筑设计的首要任务，任何建筑的产生都是为使人们更好更舒适地生产和生活，这是建筑设计中主要考虑的因素。

例如大家熟悉的住宅建筑设计，设计要满足人们日常使用的功能要求，流线组织、洁污分区、动静分区等，所以住宅单元设计时就会有卧室、客厅、厨房、卫生间等基本功能房间，另外根据房间的私密性要求及动静分区要求，卧室会设置在单元的最里面，而客厅会设置在入口处等。

**3. 建筑的功能和形式的关系**

建筑作为社会物质和精神文化财富的体现，在满足功能要求的前提下，还要满足其外在形式的艺术审美要求，考虑建筑物所赋予人们的感官和精神上的感受。建筑的功能和形式的协调处理一直以来都是建筑师设计时必然要考虑的问题之一，为取得较高的艺术效果，建筑师们努力地探寻建筑功能和形式的处理方式，并由此衍生出不同的建筑流派，如现代主义、后现代主义、新理性主义、解构主义等。

**4. 建筑材料、结构的合理性，解决好建筑功能、建筑艺术形式要求与建筑材料、结构的关系**

建筑材料是建筑工程的物质基础，建筑的材料决定了建筑的形式和施工方法。建筑材料在不同方面影响着建筑的功能、质量甚至造型。每种新材料的产生都会为建筑提供新的可能，例如：钢及混凝土材料的出现为建筑的功能需求及艺术形式提供了更多可能，建筑得以实现更大跨度及更高的高度，大跨度空间及摩天楼等建筑形式才得以产生；建筑设计中，也常常通过对不同材料的运用和构造细部的处理把握来达到不同的艺术效果。

而结构是建筑的骨架，使建筑的各种造型、空间得以实现并满足安全要求，它承担建筑及建筑上的全部荷载，影响着建筑物的安全和寿命。例如，钢结构及钢筋混凝土结构的出现使建筑得以向更高更大的空间发展，使建筑得以实现更多的造型，展现更多的美。

### 5. 经济因素

建筑房屋是一个复杂的物质生产过程，需要大量的人力、物力和资金，在房屋的设计中，要因地制宜、使建筑设计符合各项经济技术指标，在满足各项要求的情况下尽可能降低造价，节省投资。

### 6. 施工因素

施工是建筑从设计变为现实的必要因素，在设计时一定要考虑施工因素，在现有施工技术的前提下创造有利条件，促进建筑工业化。

总之，建筑设计是在功能需求的前提下，结合基地环境条件和美学规律，通过分析、整合和创作，综合处理各种要求之间的相互关系，为创造良好的空间环境和符合审美的造型提供方案和建造蓝图的一种活动。它既是一项政策性和技术性很强的、内容非常广泛的综合性工作，也是艺术性很强的创作过程。"适用、经济、在可能的条件下注意美观"是1953年我国第一个五年计划开始时提出来的建筑设计的基本原则。

## 2.2.2.2　平面组合设计

各种建筑的使用性质和类型尽管不同，都可以分成主要使用部分、次要使用部分（或称辅助部分）和交通联系部分三大部分。

### 1. 主要使用房间

主要使用房间是指建筑中主要使用的生产、生活和工作房间，为保障建筑的基本使用目的而存在的功能空间，包括一般的工作房间、生活房间。例如，居住建筑中的卧室、客厅等主要生活房间；公共建筑中各种类型的房间，如文化中心，既有小型的活动室、图书室、阅览室，又常有较大的报告厅；旅馆建筑中既有居住的客房，又有公共活动用的多功能厅及各种文娱活动室等，它们都是主要使用房间。

主要使用房间的设计要求如下。

（1）房间的面积：主要由使用活动所需的面积、房间内家具设备所占面积、房间内部的交通面积等部分组成，其大小主要由房间的使用性质、使用人数、室内交通要求、家具数量及布置方式、采光通风、建筑结构、模数等要求来确定。在设计工作中，国家相关部门也制定了面积定额指标，如中小学校普通教室按使用人数确定面积，小学 $1.10m^2/$ 人，中学 $1.12m^2/$ 人；办公楼一般办公室 $3.5m^2/$ 人（不包括走道）等。设计时要保证房间的面积能够保证使用人群舒适、方便地使用。

（2）房间平面形状：民用建筑房间的平面形状一般常采用矩形，有时也会采用方形、多边形、圆形及不规则图形。矩形平面体型简单、墙体平直，便于家具布置和设备安排，灵活性大，房间组合方便；结构布置简单，便于施工。因此，办公楼、住宅、教学楼、旅馆等多数民用建筑的房间常采用此种形状。

对于一些在功能上有特殊要求的建筑，如影剧院、音乐厅、杂技场、体育馆等，在形状上应满足它的特殊功能和视听等要求。影剧院中的观众厅常选用钟形、扇形、六边形等（图 2.2.2）。

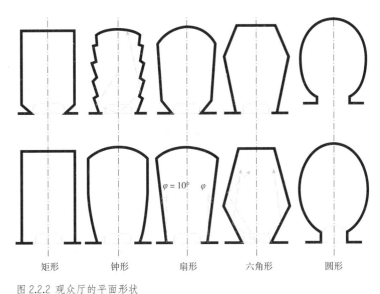

矩形　　钟形　　扇形　　六角形　　圆形

图 2.2.2 观众厅的平面形状

（3）房间的平面尺寸：是指房间的开间和进深，应满足家具设备布置及人们的活动要求、视听要求、良好的天然采光、房间的比例、经济合理的结构布置（图 2.2.3）。

（4）门的设置：主要考虑门的宽度和数量、位置及开启方向。门的宽度和数量由房间的用途、大小、人流量、安全疏散和搬运家具设备等因素决定。主要使用房间的门为单扇时，考虑到搬运家具和一人携物品易于通行，门的宽度常取 900 ~ 1000mm；门为双扇时，门的宽度常取 1200 ~ 1800mm；门为多扇时，门

图 2.2.3 卧室的平面尺寸

的宽度应大于1800mm。常用门的宽度：住宅卧室门900mm（门洞预留尺寸）；厨房门800mm；卫生间700mm；办公室、教室门1000mm；剧场观众厅600mm/100人（总宽度）。按照《建筑设计防火规范》要求，当房间使用人数超过50人，面积超过60m²时，至少需设两个门，分布在房间的两端，以利于疏散。

门的位置的设置一般应满足：防止相互碰撞和防碍人们通行；便于家具安排；在满足交通顺畅前提下考虑尽量缩短室内交通路线（图 2.2.4）。另外，主要使用房间门的开启一般分为内开和外开，一般外开为防止占用室内空间。人数较少的房间，为防止开启时影响室外交通，常采用内开，但对于人流较多的公共建筑如影剧院、体育馆、候车厅、营业厅等，或使用人数较多

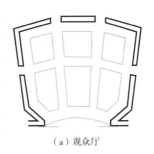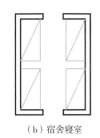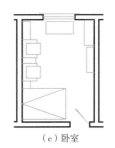

（a）观众厅　　（b）宿舍寝室　　（c）卧室

图 2.2.4 门的位置

的房间如会议室、合班教室等，考虑疏散安全，门应外开，开向疏散方向。除此之外，门的开启方式还有很多，如双向自由门（弹簧门）、转门、推拉门、折叠门、卷帘门等。

（5）窗的设置：在建筑中，窗具有采光、通风、丰富建筑立面等作用。窗的大小和位置，要综合考虑室内的采光、通风、立面美观、建筑节能等方面内容。窗洞口面积大小应根据房间的使用要求、房间面积及当地日照情况来考虑，窗的位置的确定需考虑室内照度的质量和有效组织室内的自然通风。

房间的通风以组织穿堂风、避免出现通风死角为原则，常将门窗统一考虑，如图2.2.5 所示。

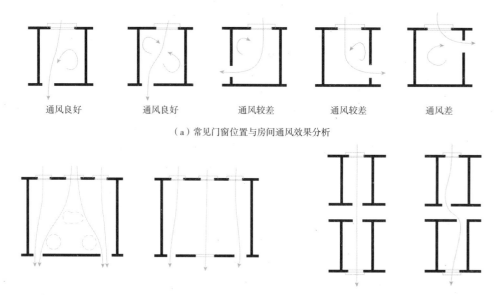

通风良好　　通风良好　　通风较差　　通风较差　　通风差

（a）常见门窗位置与房间通风效果分析

（b）有效组织穿堂风　　　　　　　（c）内廊式平面的门窗位置与房间通风效果分析

图 2.2.5　门窗位置与房间通风分析

### 2. 次要使用空间（辅助空间）

次要使用空间是为保证建筑基本的使用目的而设置的辅助房间及设备用房，如影剧院中的售票室、放映室、化妆室、卫生间等；体育建筑中运动员的服务房间（更衣室、淋浴室、按摩室等）以及一般建筑物都共有的公共服务房间，如卫生间、盥洗室、管理间、储藏室等。这些大多都是供使用者直接使用的，此外，还包括一些内部工作人员使用的房间（如办公室、库房、工作人员厕所等）及设备用房，如锅炉房、通风机房及冷气间等。

### 3. 交通空间

交通空间是指为联系上述各个房间及供人流、货流来往联系的交通部分，包括门厅、走道及楼梯间、电梯间等。

建筑平面组合设计就是将建筑平面中的主要使用部分、次要使用部分、交通联系部分有机地联系起来，逐一解决各种矛盾问题，以求得功能关系的合理与完善，使之成为一个使用方便、结构合理、体型简洁、构图完整、造价经济及与环境协调的建筑物。

一个优秀的平面组合设计要满足以下要求。

### 1. 合理的功能分区

一个完整的建筑必然是由许多不同的功能组成，而它们在使用中必然存在着差别，有主、次，内、外，或者动、静之分，在设计中要考虑使用特点，按不同功能要求进行分类，进行分区布局，保证建筑平面有合理的功能分区。

1）主与次：组成建筑物的各个房间，按重要性及使用性质的不同，必然存在着主次之分。进行平面组合设计时，应分清主次、合理安排。

2）内与外：建筑的组成房间中，有的对外联系密切，这些房间应尽量布置在出入口等交通枢纽附近，直接对外或位置明显；有的对内联系密切，主要供内部人员使用，一般布置在比较隐蔽的部位。例如餐饮建筑中餐厅是对外的，人流量大，应布置在交通方便、位置明显处。而对内性强的厨房等部分则布置在后部，次要入口面向内院较隐蔽的地方。

3）动与静：在进行功能分区时，应分清空间的"动"与"静"，并恰当地处理好两者之间的关系，使"动"、"静"空间既有分隔又有适当的联系。如中小学综合教学楼中体育馆为"动"区，教室和办公属于"静"区，但办公相对于教室更静些，设计时体育馆和教室、办公动静两个分区分开设置，避免噪音干扰；而为了避免学生对老师工作的影响，教室又与办公室通过走道适当分隔。

4）洁与污：住宅的洁污分区对住宅设计非常重要，应尽量减少细菌、废弃物对生活的影响。在一个户型中，卧室，客厅等空间属于"洁"区，而厨房，卫生间属于会产生垃圾、卫生条件较差的区域，属于"污区"。因此在设计功能空间时，应该将洁污区分开设置。比如说将厨房放在比较里面的位置，会造成在倒垃圾时，或者拎着生鲜食品进入厨房时，就会穿过干净的区域，造成污染。如图2.2.6所示，三个户型的污区都在距离入口比较近的地方，和洁区分区布置。

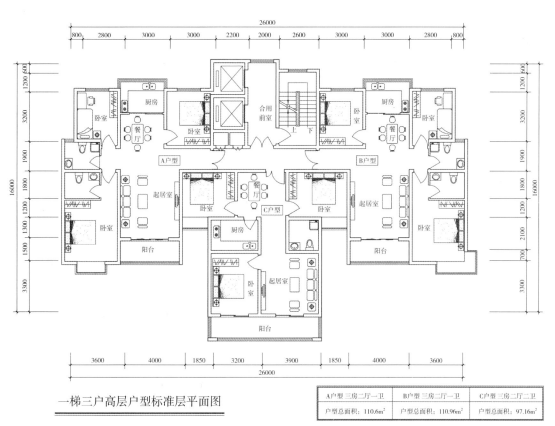

一梯三户高层户型标准层平面图

| A户型 三房二厅一卫 | B户型 三房二厅一卫 | C户型 三房二厅二卫 |
|---|---|---|
| 户型总面积：110.6m² | 户型总面积：110.96m² | 户型总面积：97.16m² |

图 2.2.6　某住宅标准层平面图

合理的功能分区就是既要满足各部分使用中密切联系的要求，又要创造必要的分隔条件。相互联系的作用在于达到使用上的方便，分隔的作用在于区分不同使用性质的房间，创造相对独立的使用环境，避免使用中的相互干扰和影响，以保证有较好的卫生隔离或安全条件，并创造较安静的环境等。

### 2. 明确的流线组织

建筑流线是在建筑设计中经常要用到的一个基本概念，是指人们在建筑中活动的路线，根据人的行为方式把一定的空间组织起来，通过流线设计分割空间，从而达到划分不同功能区域的目的。

建筑内部交通流线按其使用性质可分为：

1）公共交通流线，公共交通流线中，一个建筑中主要的功能空间或主要使用人群交通流线。

2）内部工作流线，即内部管理人员的服务交通流线，例如后勤办公人员流线。

3）辅助供应交通流线，如食堂中的厨房工作人员服务流线及食物供应流线。

设计中应首先使公共交通流线避免与内部工作流线或辅助供应交通流线相交叉，应明确分开，避免互相干扰；其次，公共交通流线中也要把不同对象的人流适当分开；同时，在人流量较集中时还要考虑将进与出的人流分开，避免出现交叉、聚集等现象。

当然，建筑平面组合设计时采光、通风、朝向等要求也应予以充分的重视。

## 2.2.2.3　交通联系空间设计

交通联系空间是将建筑中的主要使用空间、次要使用空间联系起来的交通部分，包括门厅、走道及楼梯间、电梯间等，它在建筑空间的配置中往往起关键作用。

交通联系空间的设计要求：

1）有足够的通行宽度，联系便捷，对人流起导向作用。

2）有良好的采光、通风和照明。

3）紧急情况下疏散迅速、安全防火。

4）满足使用要求的前提下，尽量节约交通面积。

交通联系空间一般包括以下几个部分。

（1）水平交通联系空间。主要作为建筑物水平方向的交通联系，主要有走道、走廊、连廊等，既有纯粹作为交通联系空间的走道，也有兼做其他功能的走道，如医院的门诊楼、展览馆等的走廊，还兼做候诊区、休息区。

另外，按位置又分为内走廊、外走廊。

走道宽度要求：满足人流和家具设备通行；安全疏散；防火规范；走道性质；空间感受。

常用走道宽度（净宽），各建筑设计规范有详尽规定，如：

1）中小学：教学楼走道净宽，内走道 2.1m；外走道不小于 1.8m。

2）医院门诊楼：单面候诊不小于 2.1m；双面候诊不小于 2.7m。

3）办公楼：走道长不大于 40m 时，内走道 1.4m，外走道 1.3m；走道长大于 40m 时，内走道 1.8m，外走道 1.5m。

4）幼儿园：生活用房，内走道 1.8m，外走道 1.5m；服务供应用房，内走道 1.3m，外走道 1.5m。

（2）垂直交通联系空间。主要作为建筑物垂直方向的交通联系，要求能够安全、快速输送顾客或货物到各个楼层的主要部位或储存位置的垂直通道（或垂直运输设备），如楼梯、坡道、电梯、自动扶梯等。

楼梯是现代建筑中普遍存在的一个建筑构配件，是建筑中垂直交通组织及安全疏散所必需的。楼梯的类型很多，有不同的分类方式：

1）按楼梯所处位置：分成室内楼梯和室外楼梯。

2）按楼梯的使用性质：分成主要楼梯、辅助楼梯、疏散楼梯及消防楼梯。

3）按楼梯的材料：分成钢筋混凝土楼梯、钢楼梯、木楼梯及混合材料楼梯。

4）按楼梯间的平面形式：分成开敞楼梯、封闭楼梯、防烟楼梯。

5）按楼梯的平面形式：分成直行单跑楼梯、直行多跑楼梯、平行双跑楼梯、平行双分楼梯、平行双合楼梯、折行多跑楼梯、交叉楼梯、剪刀楼梯、螺旋楼梯等。

目前建筑中使用较多的是平行双跑楼梯，其他平行双分、双合楼梯，折行多跑楼梯等均是在其基础上变化而成的。

楼梯类型的选择不是随意的，设计时要根据其所处位置、楼梯间的平面形状与大小、楼层的高低与层数、人流多少等因素综合考虑。

在楼梯设计时，有许多要求，例如：楼梯休息平台宽度必须大于等于梯段宽度且不小于1200mm；楼梯的净空高度包括楼梯段的净高和平台过道处的净高。在平台过道处应大于2m。在楼梯段处应大于2.2m，见图2.2.7。

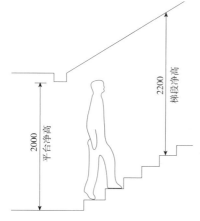

图2.2.7　楼梯的净空高度

电梯是多层、高层建筑中的常用建筑设备，对于高层建筑更是必备的垂直交通工具。

电梯间应布置在人流集中的地方，并留出足够的等候面积；电梯附近应设置辅助楼梯；多部电梯宜集中布置，布置方式有单面式和对面式。

一般7层及以上的住宅或住户入口层楼面距室外设计地面的高度超过16m的住宅必须设置电梯；办公楼不小于6层，文化馆不小于5层，图书馆不小于4层有阅览室时，医院门诊楼、病房楼、疗养院不小于4层时，均应设电梯；12层以上的住宅及高度超过32m的其他建筑还应设消防电梯。

自动扶梯是通过机械传动，在一定方向上能大量连续运送人流的交通工具。适用于车站、码头、空港、商场等人流量大的建筑层间，是连续运输效率高的载客设备。自动扶梯的倾角有27.3°、30°、35°，其中30°是优先选用的角度。自动扶梯可用于室外或室内，自动扶梯对建筑同时具有较强的装饰作用，扶手多为特制的耐磨胶带，可设计成多种颜色，栏板也可设为玻璃、装饰面板、不锈钢板等。

（3）交通联系枢纽。主要起接纳人流和分配人流的作用，室内外空间过渡、交通衔接，有时兼有其他功能，主要有门厅、过厅等，如旅馆、医院门厅。

门厅面积根据建筑的使用性质、规模及标准确定，设计中可参考有关面积定额指标。门厅设计要求如下。

1）应处于总平面中明显而突出的位置。

2）人流导向明确，路线简捷，减少相互交叉干扰。

3）良好的空间、造型设计。

门厅出入口宽度应符合防火疏散要求：对外出入口宽度不小于与门厅相连的过道、楼梯宽度总和；人流集中场所，出入口宽按每百人0.6m计；门的开启形式为向外平开或弹簧门，不得设为旋转门；出入口前一般有过渡空间，雨篷、门廊等；过厅起交通路线的转折和过渡作用。

### 2.2.2.4　民用建筑防火

建筑防火设计是在建筑设计中，根据建筑物的重要性，采取必要的建筑防火措施所进行的设计。

为了防止和减少建筑火灾危害，保护人身和财产安全，《建筑设计防火规范》、《高层民用建筑设计防火规范》分别对普通民用建筑及高层建筑的安全疏散及防火做了要求。下面主要就《建筑设计防火规范》对普通低多层建筑的防火设计进行简单介绍。

（1）民用建筑的耐火等级、最多允许层数和防火分区最大允许建筑面积应符合表2.2.1的规定。

表2.2.1　　　民用建筑的耐火等级、最多允许层数和防火分区最大允许建筑面积

| 耐火等级 | 最多允许层数 | 防火分区的最大允许建筑面积（m²） | 备　　注 |
|---|---|---|---|
| 一级、二级 | 《建筑设计防火规范》适用范围 | 2500 | （1）体育馆、剧院的观众厅，展览建筑的展厅，其防火分区最大允许建筑面积可适当放宽。<br>（2）托儿所、幼儿园的儿童用房和儿童游乐厅等儿童活动场所不应超过3层或设置在4层及4层以上楼层或地下、半地下建筑（室）内 |
| 三级 | 5层 | 1200 | （1）托儿所、幼儿园的儿童用房和儿童游乐厅等儿童活动场所、老年人建筑和医院、疗养院的住院部分不应超过2层或设置在3层及3层以上楼层或地下、半地下建筑（室）内。<br>（2）商店、学校、电影院、剧院、礼堂、食堂、菜市场不应超过2层或设置在3层及3层以上楼层 |
| 四级 | 2层 | 600 | 学校、食堂、菜市场、托儿所、幼儿园、老年人建筑、医院等不应设置在2层 |
| 地下、半地下建筑（室） | | 500 | |

注　建筑内设置自动灭火系统时，该防火分区的最大允许建筑面积可按表2.2.1的规定增加1.0倍。局部设置时，增加面积可按该局部面积的1.0倍计算。

（2）建筑的安全出口应分散布置。每个防火分区、一个防火分区的每个楼层，其相邻2个安全出口最近边缘之间的水平距离不应小于5m。

（3）下列公共建筑的室内疏散楼梯应采用封闭楼梯间（包括首层扩大封闭楼梯间）或室外疏散楼梯。

1）医院、疗养院的病房楼。

2）旅馆。

3）超过2层的商店等人员密集的公共建筑。

4）设置有歌舞娱乐放映游艺场所且建筑层数超过2层的建筑。

5）超过5层的其他公共建筑，如办公建筑。

（4）自动扶梯和电梯不应作为安全疏散设施。

（5）公共建筑中的客、货电梯宜设置独立的电梯间，不宜直接设置在营业厅、展览厅、多功能厅等场所内。

（6）公共建筑和通廊式非住宅类居住建筑中各房间疏散门的数量应经计算确定，且不应少于2个，该房间相邻2个疏散门最近边缘之间的水平距离不应小于5m。当符合下列条件之一时，可设置1个。

1）房间位于2个安全出口之间，且建筑面积小于等于120m²，疏散门的净宽度不小于0.9m。

2）除托儿所、幼儿园、老年人建筑外，房间位于走道尽端，且由房间内任一点到疏散门的直线距离不大于15m，其疏散门的净宽度不小于1.4m。

3）歌舞娱乐放映游艺场所内建筑面积不大于50m²的房间。

（7）民用建筑的安全疏散距离应符合下列规定。直接通向疏散走道的房间疏散门至最近安全出口的距离应符合表2.2.2的规定。

表2.2.2　　　　　直接通向疏散走道的房间疏散门至最近安全出口的最大距离　　　　单位：m

| 建筑类别 \ 位置 耐火等级 | 位于两个安全出口之间的疏散门 | | | 位于袋形走道两侧或尽端的疏散门 | | |
|---|---|---|---|---|---|---|
| | 一级、二级 | 三级 | 四级 | 一级、二级 | 三级 | 四级 |
| 托儿所、幼儿园 | 25 | 20 | — | 20 | 15 | — |
| 医院、疗养院 | 35 | 30 | — | 20 | 15 | — |
| 学校 | 35 | 30 | — | 22 | 20 | — |
| 其他民用建筑 | 40 | 35 | 25 | 22 | 20 | 15 |

注　1. 一级、二级耐火等级的建筑物内的观众厅、多功能厅、餐厅、营业厅和阅览室等，室内任何一点至最近安全出口的直线距离不大于30m。

　　2. 敞开式外廊建筑的房间疏散门至安全出口的最大距离可按本表增加5m。

　　3. 建筑物内全部设置自动喷水灭火系统时，其安全疏散距离可按本表规定增加25%。

　　4. 房间内任一点到该房间直接通向疏散走道的疏散门的距离计算：住宅应为最远房间内任一点到户门的距离，跃层式住宅内的户内楼梯的距离可按其梯段总长度的水平投影尺寸计算。

相关规范请参考：

1）《建筑设计防火规范》　　　　　　　　　　　（GB 50016—2006）

2）《高层民用建筑设计防火规范》　　　　　　　（GB 50045—1995）（2005年版）

3）《汽车库、修车库、停车场设计防火规范》　　（GB 50067—1997）

4）《人民防空工程设计防火规范》　　　　　　　（GB 50098—2009）

### 2.2.2.5　无障碍设计

"无障碍设计"这个概念始于1974年，是联合国组织提出的设计新主张。无障碍设计强调在科学技术高度发展的现代社会，一切有关人类衣食住行的公共空间环境以及各类建筑设施、设备的规划设计，都必须充分考虑具有不同程度生理伤残缺陷者和正常活动能力衰退者（如残疾人、老年人）的使用需求，配备能够应答、满足这些需求的服务功能与装置，营造一个充满爱与关怀，切实保障人类安全，方便、舒适的现代生活环境。

我国《无障碍设计规范》（GB 50763—2012）对建筑物无障碍实施范围作了规定，要求在全国范围内实施强制规范。实施无障碍的范围有办公、科研、商业、服务、文化、纪念、观演、体育、交通、医疗、学校、园林、居住建筑等，无障碍要求是建筑入口、走道、平台、门、门厅、楼梯、电梯、公共厕所、浴室、电话、客房、住房、标志、盲道、轮椅席等应依据建筑性能配有相关无障碍设施，提供方便。

国家相关规范规定公共建筑与高层、中高层建筑入口设台阶时，必须设轮椅坡道和扶手。

具体规范要求请参考《无障碍设计规范》（GB 50763—2012）。

另外，国家颁布的《住宅设计规范》（GB 50096—2011）也对住宅建筑的无障碍作了相关规定：

（1）7层及7层以上的住宅，应对下列部位进行无障碍设计：建筑入口，入口平台，候梯厅，公共走道。

（2）建筑入口及入口平台的无障碍设计应符合下列规定：

1）建筑入口设台阶时，应同时设有轮椅坡道和扶手。

2）坡道的坡度应不大于 1：12。

3）供轮椅通行的门净宽不应小于 0.8m。

4）供轮椅通行的推拉门和平开门，在门把手一侧的墙面，应留有不小于 0.5m 的墙面宽度。

5）供轮椅通行的门扇，应安装视线观察玻璃、横执把手和关门拉手，在门扇的下方应安装高 0.35m 的护门板。

6）门槛高度及门内外地面高差不应大于 0.15m，并应以斜坡过渡。

### 2.2.2.6　建筑结构选型简述

建筑是艺术和技术相结合的产物，技术是建筑的构思、理念转变为现实的重要手段，建筑技术包含的范围很广，包括结构、消防、设备、施工等诸方面的因素，其中结构与建筑空间的关系最为密切。

建筑空间是人们凭借着一定的物质材料从自然空间中围隔出来的人工空间。不同的功能空间对于建筑空间有不同的要求，一般包括使用功能要求和造型审美要求，而实现不同需求的空间形式又需要不同的结构形式相配合。而结构设计就是建筑功能和审美要求得以实现的重要技术手段，通常一种结构形式的出现就是为了适应一定的建筑需求而被创造出来的。当结构的发展不能满足建筑功能空间要求时，就会对建筑的发展起到阻碍作用，反之，新的结构形式的出现也在某种程度上会促进建筑的发展。

结构形式的选择要满足建筑功能空间的要求，服从建筑造型审美的要求，同时要考虑经济因素。一个好的结构方案应该在满足使用功能的同时，还应具有一定的艺术感染力，而不同结构形式又有其各自独特的表现力。

常见的结构种类如下。

**1. 砖混结构体系**

砖混结构是指建筑物中竖向承重结构的墙、柱等采用砖或者砌块砌筑，横向承重的梁、楼板、屋面板等采用钢筋混凝土的一种结构类型。它是混合结构的一种，是采用砖墙来承重，钢筋混凝土梁柱板等构件构成的混合结构体系。

砖混结构不宜建造大空间的房屋，适合开间进深较小，房间面积小，多层或低层的住宅、办公楼、旅馆等建筑，一般在 6 层以下。对于承重墙体不能改动，而框架结构则对墙体大部可以改动。砖混结构建筑的墙体承重方案常见的有如下几种（图 2.2.8）。

1）横墙承重：楼板直接支承在横墙上，横墙是主要承重墙。常用于平面布局有规律的住宅、宿舍、旅馆、办公楼等小开间的建筑。其优点是房屋的横向刚度大，整体性好，但平面使用灵活性差。

2）纵墙承重：楼板支承在梁上，梁把荷载传递给纵墙，横墙的设置主要是为了满足房屋刚度和整体性的要求。其优点是房屋的开间大，使用灵活，开间可以灵活布置，但建筑物刚度较差，立面不能开设大面积门窗。

3）纵横墙混合承重：部分用横墙、部分用纵墙支承楼层。多用于平面复杂、内部空

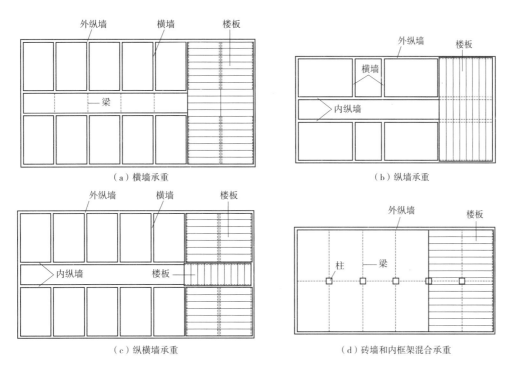

（a）横墙承重

（b）纵墙承重

（c）纵横墙承重

（d）砖墙和内框架混合承重

图 2.2.8　墙体承重
结构布置方案

间划分多样化的建筑。

4）砖墙和内框架混合承重：内部以梁柱代替墙承重，外围护墙兼起承重作用。这种布置方式可获得较大的内部空间，平面布局灵活，但建筑物的刚度不够。常用于空间较大的大厅。

5）底层为钢筋混凝土框架，上部为砖墙承重结构：常用于沿街底层为商店，或底层为公共活动的大空间，上面为住宅、办公用房或宿舍等。

以承重砖墙为主体的砖混结构建筑，在设计时应注意：门窗洞口不宜开得过大，应排列有序；内横墙间的距离不能过大；砖墙体型宜规整和便于灵活布置。构件的选择和布置应考虑结构的强度和稳定性等要求，还要满足耐久性、耐火性及其他构造要求，如外墙的保温隔热、防潮、表面装饰和门窗开设，以及特殊功能要求。建于地震区的房屋，要根据防震规范采取防震措施，如配筋，设置构造柱、圈梁等。

**2. 框架结构体系**

框架结构是由梁和柱刚性连接的骨架结构，在此结构中梁和柱分别承受并传递着整个建筑的水平荷载和竖向荷载。

其最明显的受力特点就是承重体系与非承载体系有明确的分工，即支撑建筑空间的梁、柱骨架是承重体系，建筑中墙体不承重，仅起到围护和分隔作用，因此柱与柱之间可根据需要不做墙体，或做成填充墙，或全部开窗，使室内外空间灵活通透。

综上所述，框架结构主要优点是建筑平面布置灵活，可形成较大的建筑空间，较灵活地配合建筑平面布置，建筑立面处理也比较方便；但是，框架结构也有其缺点，其侧向刚度较小，当层数较多时，会产生过大的侧移，易引起非结构性构件，如隔墙、装饰等的破坏而影响使用。在非地震区，框架结构一般不超过 15 层，框架结构通常是用计算机进行精确的内力分析。

常见的框架结构有钢筋混凝土框架结构和钢框架结构，其中钢筋混凝土框架结构最为常见，日常所见商场、学校等框架结构建筑大都为钢筋混凝土框架结构，另外，其还广泛用于多层、高层公共建筑、多层工业厂房和一些特殊用途的建筑物中，如办公楼、剧场、中小型展览馆、飞机库、停车场、轻工业车间等，是建筑中最为常见的一种结构类型。钢筋混凝土不仅轻度高、防水性能好，而且既能抗压又能抗拉，方便进行整体浇注，可以满足不同的造型需要，因此应用广泛。与钢筋混凝土材料相比，钢材具有自重轻、便于工业化生产和安装等优点，方便快速建造建筑，但其防火性能差，需要进行防火处理，增加设计难度，又因为我国钢产量不足，所以应用不及钢筋混凝土广泛。

另外，我国古代建筑所运用的木构架也是一种框架结构，其由梁架承担着屋顶的全部荷载，而墙仅起到维护和分隔作用，因而可做到"墙倒屋不塌"。

### 3. 大跨度空间结构体系

大跨度空间结构是国家建筑科学技术发展水平的重要标志之一，世界各国对空间结构的研究和发展都极为重视，例如国际性的博览会、奥运会、亚运会等，各国都以新型的空间结构来展示本国的建筑科学技术水平，空间结构已经成为衡量一个国家建筑技术水平高低的标志之一。

近年来我国大跨度空间结构发展迅速，特别是北京奥运会的大型体育场馆鸟巢、水立方的建设规模和技术水平在世界上都是领先的，将成为我国空间结构发展的里程碑。空间结构以其优美的建筑造型和良好的力学性能而广泛应用于大跨度结构中。

常见的大跨度结构如下。

（1）网架结构。网架结构是一种新型大跨度空间结构，它由多根杆件按照一定的网格形式通过节点连接而成，具有刚性大、变形小、应力分布较均匀、大幅度减轻结构自重和节省材料等优点，可用作体育馆、影剧院、展览厅、候车厅、体育场看台雨篷、飞机库、双向大柱距车间等建筑的屋盖，缺点是汇交于节点上的杆件数量较多，制作安装较平面结构复杂（图2.2.9）。

图2.2.9　网架结构

（2）壳体结构。壳体结构是由曲面形板与边缘构件（梁、拱或桁架）组成的空间薄壳结构。壳体结构具有很好的空间传力性能，能以较小的构件厚度形成承载能力高、刚度大的承重结构，能覆盖或围护大跨度的空间而不需中间支柱，能兼承重结构和围护结构的双重作用，从而节约结构材料（图2.2.10）。

位于人民大会堂西侧的"巨蛋"——国家大剧院也是采用壳体结构安装，"蛋壳"面积为3.5万 $m^2$，整个结构没有一根柱子支撑。

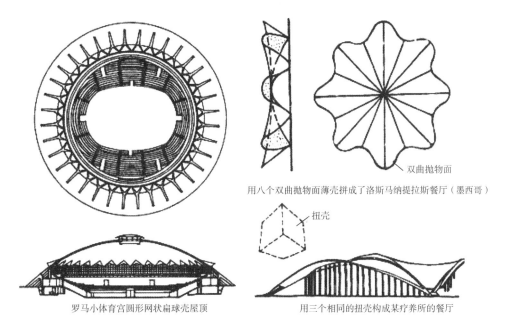

双曲抛物面

用八个双曲抛物面薄壳拼成了洛斯马纳提拉斯餐厅（墨西哥）

扭壳

罗马小体育宫圆形网状扁球壳屋顶　　　用三个相同的扭壳构成某疗养所的餐厅

图 2.2.10　壳体结构

（3）悬索结构。由柔性受拉索及其边缘构件所形成的承重结构。索的材料可以采用钢丝束、钢丝绳、钢铰线、链条、圆钢以及其他受拉性能良好的线材。悬索结构能充分利用高强材料的抗拉性能，可以做到跨度大、自重小、材料省、易施工。中国是世界上最早应用悬索结构的国家之一，在古代就曾用竹、藤等材料做吊桥跨越深谷。明朝成化年间（1465—1487 年）已用铁链建成霁虹桥。近代的悬索结构，除用于大跨度桥梁工程外，还在体育馆、飞机库、展览馆、仓库等大跨度屋盖结构中应用（图 2.2.11）。

（4）桁架结构。桁架结构中的桁架指的是桁架梁，是格构化的一种梁式结构，它是由杆件组成的结构体系，在荷载作用下，桁架杆件主要承受轴向拉力或压力，从而能充分利用材料的强度，在跨度较大时可比实腹梁节省材料，减轻自重和增大刚度，故适用于较大跨度的承重结构和高耸结构，常用于大跨度的厂房、展览馆、体育馆和桥梁等公共建筑中。由于大多用于建筑的屋盖结构，桁架通常也被称作屋架。

图 2.2.11　悬索结构的日本东京代代木体育馆

### 4. 其他结构体系

（1）剪力墙体系。剪力墙体系是利用建筑物的墙体（内墙和外墙）做成剪力墙来抵抗水平力。剪力墙一般为钢筋混凝土墙，厚度不小于 140mm。剪力墙的间距一般为 3 ~ 8m。适用于小开间的住宅和旅馆等。一般在 30m 高度范围内都适用。剪力墙结构的优点是侧向刚度大，水平荷载作用下侧移小。其缺点是剪力墙的间距小，结构建筑平面布置不灵活，不适用于大空间的公共建筑，另外结构自重也较大。

因为剪力墙既承受垂直荷载，也承受水平荷载，对高层建筑主要荷载为水平荷载，墙体既受剪又受弯，所以称剪力墙。

（2）框架—剪力墙结构。框架—剪力墙结构是在框架结构中设置适当剪力墙的结构。它具有框架结构平面布置灵活、有较大空间的优点，又具有侧向刚度较大的优点。框架—剪力墙结构中，剪力墙主要承受水平荷载，竖向荷载主要由框架承担。框架—剪力墙结构宜用于 10 ～ 20 层的建筑。

（3）筒体结构。在高层建筑中，特别是超高层建筑中，水平荷载愈来愈大，起着控制作用。筒体结构便是抵抗水平荷载最有效的结构体系。它的受力特点是，整个建筑犹如一个固定于基础上的封闭空心的筒式悬臂梁，可以抵抗水平力。

### 2.2.3 案例学习

建筑类型丰富多样，有居住类、文教类、办公写字楼类、宾馆类、商业类、医疗类、观演类、餐饮类、交通类、观演博览类、休闲娱乐等，规模有大有小。作为初学者，首先从中小型建筑着手，学习其中的平面设计技术。下面就分别以独立式住宅建筑、中小学建筑、公路客运站这三种大家都接触过的建筑类型为例来讲解建筑平面设计及其组合设计的要点。

#### 2.2.3.1 案例 1 独立式小住宅平面设计

独立式小住宅又称别墅，是供家庭日常居住使用的建筑物，一般按套型设计，每套应设卧室、起居室（客厅）、厨房和卫生间、生活阳台等基本空间。小住宅套型平面组合，主要是确定套内各间的面积、形状及相对位置，解决好功能分区的问题。如何在有限的面积内较好地完成各功能房间的组织、朝向、细节布置等，满足不同住户的使用要求，是在平面设计中需要非常重视的问题。

例如，内、外分区问题，内外分区是按照空间使用功能和私密程度层次来划分的。住宅空间的私密性序列：①公共区（入口、门厅）；②半公共区（起居室、娱乐室）；③半私密区（厨房、餐厅）；④私密区（卧室、书房、储藏室、卫生间）。根据私密性程度的不同，对各功能房间进行合理布局。

另外，主与次分区问题、动与静分区问题、洁与污分区问题都是应该在平面设计中考虑的问题。例如：对于主要使用房间，卧室、书房、客厅等，尽可能放在朝向、景观、视界较好的位置；同时卧室、书房又是要求安静的房间，一般要布置在住宅的最里面；另外，厨房、卫生间为住宅里会产生垃圾、卫生条件较差的污区，为避免卫生间垃圾及厨余垃圾穿越卧室、客厅等空间，一般都将其设置在距离入口比较近的地方，和洁区分区布置（图 2.2.12）。

综上所述，在住宅平面设计时，若住宅为一层时，一般在近入口处布置起居室、厨房、餐厅；在远入口处布置私密性较强的卧室、书房、储藏室、卫生间。若住宅为两层及以上楼层时，一般将起居室、厨房、餐厅、客房、老人房布置在底层平面，将卧室、书房布置在二层，将主卧布置在顶层。图 2.2.13 ～图 2.2.15 为某独立式小住宅各层平面图，大家以此来验证住宅平面设计的各要点。

#### 2.2.3.2 案例 2 中小学建筑设计

中小学建筑平面设计应满足教学功能要求，有利于学生安全及身心健康，合理安排学校

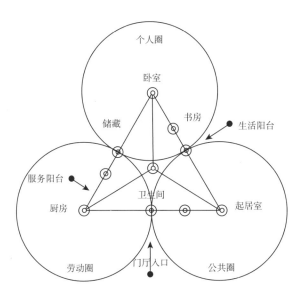

图 2.2.12 住宅功能结构分区图

图 2.2.13 独立式小住宅地下层平面图

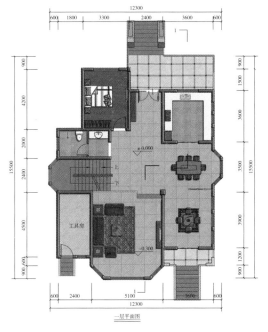

图 2.2.14 独立式小住宅一层平面图

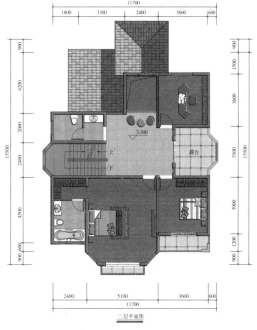

图 2.2.15 独立式小住宅二层平面图

用地，中小学教学及教学辅助用房的组成，应根据学校的类型规模、教学活动要求和条件分别设置下列一部分或全部教学用房及教学辅助用房：普通教室、实验室、自然教室、美术教室、书法教室、史地教室、语言教室、微机教室、音乐教室、琴房、舞蹈教室、合班教室、体育器材室、教师办公室、图书阅览室、科技活动室等。一般平面设计的布局要点如下。

（1）教学用房的平面宜布置成外廊或单内廊的形式；平面组合应使功能分区明确、联系方便和有利于疏散。

（2）行政用房宜设党政办公室、会议室、保健室、广播室、社团办公室和总务仓库等；广播室的窗宜面向操场布置；保健室的设计应符合下列规定：保健室的窗宜为南向或东南向布置，保健室的大小应能容纳常用诊疗设备和满足视力检查的要求；小学保健室可设一间；中学保健室宜分设为两间，根据条件可设观察室；保健室应设洗手盆、水池和电源插座。

（3）教学楼宜设置门厅，在寒冷或风沙大的地区，教学楼门厅入口应设挡风间或双道门。挡风间或双道门的深度不宜小于2100mm。

（4）教学楼走道的净宽度应符合下列规定：

教学用房内廊不应小于2100mm，外廊不应小于1800mm；行政及教师办公用房走道不应小于1500mm；走道高差变化处必须设置台阶时，应设于明显及有天然采光处，踏步不应少于3级，并不得采用扇形踏步；外廊栏杆（或栏板）的高度不应低于1100mm。栏杆不应采用易于攀登的花格。

（5）普通教室按使用人数确定面积，小学 $1.10m^2/$ 人，中学 $1.12m^2/$ 人；实验室设实验员室时，其使用面积每人不应小于 $4.5m^2$ ；阅览室的使用面积应按座位计算，教师阅览室每座不应小于 $2.1m^2$ ，学生阅览室每座不应小于 $1.5m^2$ ；教员休息室的使用面积不宜小于 $12m^2$ ；教师办公室每个教师使用面积不宜小于 $3.5m^2$ ；风雨操场应根据条件和情况设置。

小学的功能流线都是大家所熟悉的，这里就不再分析，下面为某小学的平面图（图2.2.16～图2.2.19），大家以此为例来学习小学的平面设计。

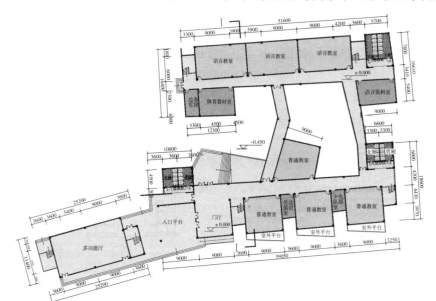

图 2.2.16 某小学一层平面图

图 2.2.17 某小学二层平面图

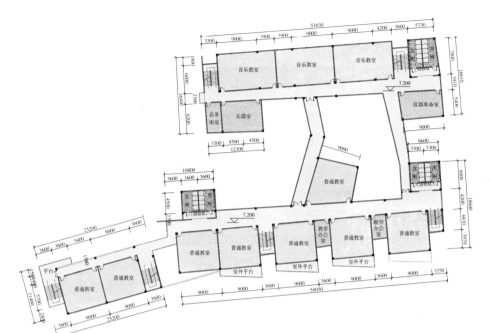

图 2.2.18　某小学三层平面图

图 2.2.19　某小学四层平面图

### 2.2.3.3　案例3 某公路客运站平面设计

公路客运站是公路运输经营者为旅客提供的运输站位服务的场所,使用人流量较大,设计时要充分根据人流的使用流线进行功能分区及流线组织设计。公路客运站平面主要由站前广场、站房、停车场及附属建筑组成,一般平面设计的布局要点如下:

(1)站前广场应与城市交通干道直接相连,为城市道路和客运站站房的过渡广场,为人流集散的广场。

(2)站前广场应明确划分车流路线、客流路线、停车区域、活动区域及服务区域。

(3)旅客进出站路线应短捷流畅,应设残疾人通道。

(4)通过站前广场到达汽车客运站的站房建筑,站房应由候车、售票、行包、业务及驻站、办公等用房组成；站房设计应做到功能分区明确，按照乘车流线合理安排客流、货流，以有利于安全营运和方便使用。

（5）汽车客运站的候车厅、售票厅、行包房等主要营运用房的建筑规模应按旅客最高聚集人数计算。

（6）一级、二级站的站房设计应有方便残疾人、老年人使用的设施；三级、四级站的站房设计宜有方便残疾人的设施。

（7）候车厅应设置座椅，其排列方向应有利于旅客通向检票口，每排座椅不应大于20座，两端应设不小于1.50m的通道。

（8）候车厅内应设饮水点；候车厅附近应设男女厕所及盥洗室。

（9）售票厅应设于地面层，不应兼作过厅；售票厅与行包托运处、候车厅等应联系方便，并单独设置出入口。

（10）行包托运处、行包提取处及一级、二级站应分别设置；三级、四级站可设于同一空间。

（11）汽车客运站应设置站台，站台设计应有利旅客上下车、行包装卸和客车运转，净宽不应小于2.50m。

（12）客运站内其他功能空间相关要求：问讯处应邻近旅客主要入口处；无监控设备的广播室宜设在便于观察候车厅、站场、发车位的部位，使用面积不宜小于6m²，并应有隔声措施；调度室应邻近站场、发车位，应设外门，一级、二级站的调度室使用面积不宜小于20m²，三级、四级站的使用面积不宜小于10m²；站内应设供旅客使用的通信设施；一级、二级、三级站应设到站旅客使用的厕所；见图2.2.20。

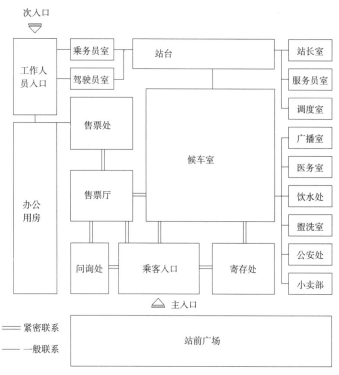

图 2.2.20 公路客运站的功能分析图

下面以某城市三级公路客运站（图2.2.21）为例，学习公路客运站的平面设计，用地位于城市郊区某干道一侧，地势平坦，用地南临城市干道，东、北、西三面临绿地。

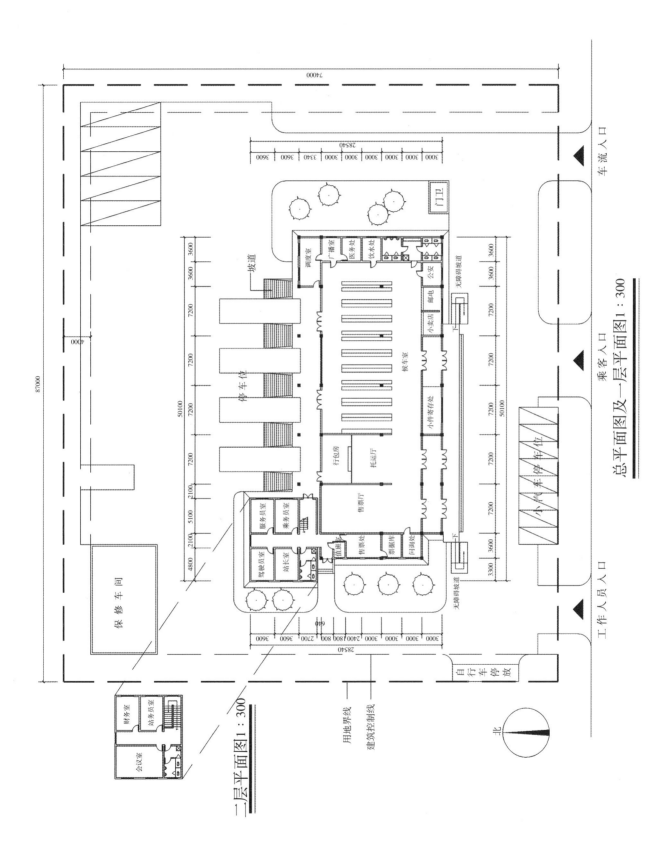

总平面图及一层平面图1∶300

二层平面图1∶300

图 2.2.21 某城市三级公路客运站平面图

## 2.2.4　实训项目

独立式小住宅建筑方案设计（一周）

### 2.2.4.1　设计内容与任务

**1. 基地环境**

可选用本人熟悉的实际地形，也可以假设一块适当的用地（山脚处、水边等），拟建住宅应注意与地形环境的和谐。总建筑面积 200 ～ 300m²。

**2. 设计要求**

（1）功能要求：功能分区应明确合理，合理组织交通流线。动静分区应合理，各部分均应自然通风、采光。

（2）建筑造型和空间环境要求：小住宅在建筑造型上应充分发掘小住宅在建筑文化和艺术上的特点和潜力，体现住宅建筑的特点、地方性特点及现代感。从外部环境看，应根据周围的环境，进行建筑"场所"创造。从内部空间看，应根据人的行为心理来进行空间和流线设计。

（3）技术要求。

1）结构形式和建筑造价不限。

2）遵守有关设计规范和法规。

**3. 设计内容（见表 2.2.3）**

表2.2.3　　　　　　　　　　　　设　计　内　容　　　　　　　　　　　单位：m²

| 房间类别 | 面　　积 | 房间类别 | 面　　积 |
|---|---|---|---|
| 起居室 | 40 ～ 60 | 工作室兼书房 | 15 ～ 20 |
| 主卧室 | 15 ～ 20 | 餐厅 | 15 ～ 20 |
| 次卧室 | 10 ～ 15（不少于 4 个） | 厨房 | 8 ～ 12 |
| 卫生间 | 8 ～ 12（不少于 3 个） | 活动室 | 40 ～ 60 |

注　其他特殊房间可适当增设。

### 2.2.4.2　设计成果

**1. 图纸规格**

（1）图纸尺寸：A2 图纸（594×420）1 ～ 2 张。

（2）表现方式：钢笔墨线加铅笔淡彩或水彩渲染，透视图。

**2. 图纸内容及深度**

（1）平面图（各层）。

1）房间名称、固定设备图例（位置）、家具布置与陈设都必须用细线表示。

2）底层平面必须表现台阶、道路、铺面、露台、山石、草坪、树木、花台、水池、散水、剖切位置、方向和编号（底层平面应结合地形考虑庭院）。

3）各层门窗位置及开启方向。

4）屋顶平面的形式及排水组织。

5) 图名，比例 1∶100。

（2）剖面图。

1) 建筑内部变化，空间利用及结构形式。

2) 沿高度方向的分层情况以及剖面高度上的对应家具尺度。

3) 门窗洞口的高度，建筑的层高及总高尺寸。

4) 图名，比例 1∶100。

（3）立面图（3 个）。

1) 外部体型的变化，门窗位置及形式，凸出外墙的构件形式，墙面装修。

2) 立面的阴影与配景。

3) 图名，比例 1∶100。

（4）室外透视图：透视准确、配景合适、色彩协调。

（5）设计说明。

1) 概况。

a. 建筑的使用性质、建筑主人的家庭背景和主人的职业、情趣、爱好、个性等。

b. 建筑面积、层数及结构形式。

2) 设计特点。

a. 平面功能分区及组合形式。

b. 建筑单体与环境的组合。

c. 建筑单体造型、室内空间的设想和新材料的运用。

3) 经济技术指标。

a. 总占地面积。

b. 总建筑面积。

c. 绿地面积。

d. 平面利用系数。

图 2.3.1 建筑大师
安藤忠雄的设计草图

## 课题3 建筑立面设计

**学习目标**

了解建筑立面设计的基础知识，掌握立面图的绘制内容和方法，熟悉立面设计的相关技术及理论，能够独立完成中小型项目的立面设计和图纸绘制。

### 2.3.1 基础知识部分

#### 2.3.1.1 术语

建筑立面设计具有高度的统筹性，它集合并统一了建筑美学、建筑构造以及建筑功能三方面的知识，建筑设计师需要利用材质、色彩、形状、比例、尺寸等设计元素，依据美学法则彰显建筑的个性和外观美感。另外，不同的社会文化、不同的历史时期、不同的地理地貌环境等因素均会对建筑立面设计产生影响。总之，建筑立面设计是技术与艺术的结合，充分体现了建筑师理念的独创性和解决问题的综合实力（图 2.3.1）。

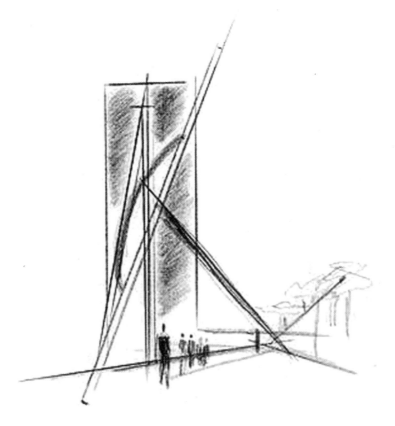

图 2.3.1 建筑大师
安藤忠雄的设计草图

建筑设计基础

建筑立面图是指用正投影法对建筑各个外墙面进行投影所得到的正投影图。与平面图一样，建筑的立面图也是表达建筑物的基本图样之一，它主要反映建筑物的外观和立面装修做法，是建筑施工中控制高度和外墙装饰效果的技术依据（图2.3.2）。

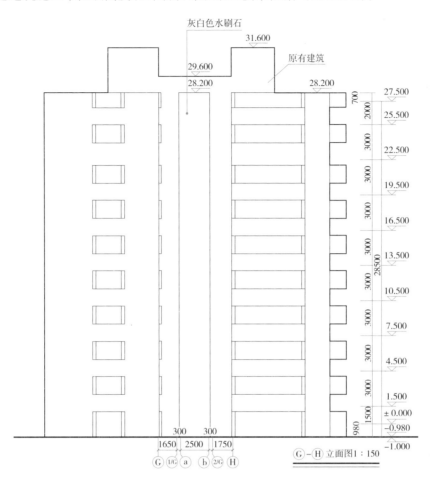

图 2.3.2　建筑立面图示意

如果建筑物有一部分不平行于投影面，例如成圆弧形、折线形、曲线形等，可将该部分展开到与投影面平行，再用正投影法画出其立面图，这种立面图我们称为展开立面图。

按投影原理，立面图上应将立面上所有看得见的细部都表示出来。但由于立面图的比例较小，如门窗扇、檐口构造、阳台栏杆和墙面复杂的装修等细部，往往只用图例表示。它们的构造和做法都另有图纸或文字说明，这类图纸我们称为构造详图。

### 2.3.1.2　立面图制图知识

（1）图名：建筑立面图的图名能够让人一目了然地识别其立面的位置，一般绘制在图纸的正下方。建筑立面图的命名方式一般有三种。

1）以相对主入口的位置命名。反映主要入口或是比较显著地反映建筑物外貌特征面的立面图，叫做正立面图，其余面的立面图相应地称为背立面图和侧立面图。这种方式一般适用于建筑平面图方正、简单，入口位置明确的情况。

2）以房屋的朝向命名。按照房屋的朝向命名，可以称为南立面图、东立面图、西立面图和北立面图。这种方式一般适用于建筑平面图规整、简单，而且朝向相对正南正北偏转不大的情况。

3）以轴线编号命名。以轴线编号命名是指用立面起止定位轴线来命名，比如①～⑧

立面图、ⓐ~ⓕ立面图等。这种方式命名准确，便于查对，特别适用于平面较复杂的情况。一般来说，有定位轴线的建筑物，宜根据两端定位轴线号编注立面图名称。无定位轴线的建筑物可按平面图各面的朝向确定名称。

（2）比例：建筑立面图的比例应和平面图相同。根据国标《建筑制图标准》（GB/T 50104—2010）规定：立面图常用的比例有1：50、1：100和1：200。比例宜注写在图名的右侧，字的基准线应取平；比例的字高宜比图名的字高小一号或二号，如表2.3.1所示。

表2.3.1　　　　　　　　　　　　　　比　　例

| 图　　名 | 比　　例 |
|---|---|
| 建筑物或构筑物的平面图、立面图、剖面图 | 1：50、1：100、1：200 |
| 建筑物或构筑物的局部放大图 | 1：10、1：20、1：50 |
| 配件以造详图 | 1：1、1：2、1：5、1：10、1：20、1：50 |

注　引自《建筑制图标准》（GB/T 50104—2010）。

（3）线形设置：为使立面图外形更清晰，通常用粗实线表示立面图的最外轮廓线，立面上凹进或凸出墙面的轮廓线、门窗洞口、较大的建筑构配件的轮廓线用中粗线画出，地坪线用加粗线（粗于标准粗度的1.4倍）画出，其余如门、窗及墙面分格线，落水管以及材料符号引出线，说明引出线等用细实线画出（表2.3.2）。

表2.3.2　　　　　　　　　　　　　　线　　型

| 名称 | 线　　型 | 线宽 | 用　　途 |
|---|---|---|---|
| 粗实线 | —————— | $b$ | （1）平、剖面图中被割切的主要建筑构造（包括构配件）的轮廓线。<br>（2）建筑立面图的外轮廓线。<br>（3）建筑构造详图中被剖切的主要部分的轮廓线。<br>（4）建筑构配件详图中构配件的外轮廓线 |
| 中实线 | —————— | $0.5b$ | （1）平、剖面图中被剖切的次要建筑构造《包括构配件》的轮廓线。<br>（2）建筑平、立、剖面图中建筑构配件的轮廓线。<br>（3）建筑构造详图及建筑构配件详图中一般轮廓线 |
| 细实线 | —————— | $0.35b$ | 小于$0.5b$的图形线、尺寸线、尺寸界线、图例线、索引符号、标高符号等 |
| 中虚线 | － － － － － | $0.5b$ | 建筑构造及建筑构配件不可见的轮廓线<br>平面图中的起重机（吊车）轮廓线<br>拟扩建的建筑轮廓线 |
| 细虚线 | － － － － － | $0.35b$ | 图例线，小于$0.5b$的不可见轮廓线 |
| 粗点划线 | —·—·— | $b$ | 起重机（吊车）轨道线 |
| 细点划线 | －·－·－ | $0.35b$ | 中心线、对称线、定位轴线 |
| 折断线 | ⌐⌐⌐ | $0.35b$ | 不需画全的断开界线 |
| 波浪线 | ∿∿∿ | $0.35b$ | 不需画全的断开界线<br>构造层次的断开界线 |

注　1. 地坪线的线宽可用$1.4b$。
　　2. 引自《建筑制图标准》（GB/T 50104—2010）。

（4）定位轴线及编号：定位轴线应用细点划线绘制。定位轴线的编号应注写在轴线端部的圆内。圆用细实线绘制，直径为8～10mm。定位轴线圆的圆心，应在定位轴线的延长线上或延长线的折线上。在建筑立面图中，一般只绘制两端的轴线，且编号应与平面图中的相对应。立面转折较复杂时可用展开立面表示，但应准确注明转角处的轴线编号。定位轴线是平面图与立面图间联系的桥梁（图2.3.3）。

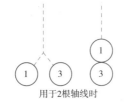

用于2根轴线时　　　用于3根或3根以上轴线时　　用于3根以上连续编号的轴线时

图2.3.3　详图的轴线编号［引自《房屋建筑制图统一标准》（GB/T 50001—2010），通用详图中的定位轴线，只画圆，不注写轴线编号］

（5）标高：标高符号应以直角等腰三角形表示，用细实线绘制。标高符号的尖端应指至被注高度的位置。标高数字应以 m 为单位，注写到小数点以后第 3 位。零点标高应注写成 ±0.000，正数标高不注"＋"，负数标高应注"－"。标注时标高符号应大小一致、数字清晰、上下对齐，并尽量位于同一铅垂线上。一般标注在立面图的左侧，必要时左右两侧均可标注，个别的情况可标注在图内。立面图上可不标注高度方向尺寸，但对于外墙留洞除注出标高外，还应注出其大小尺寸及定位尺寸（图 2.3.4）。

（6）尺寸标注：应在室外地坪、室内地面、各层楼面、屋顶、檐口、窗台、窗顶、雨篷底、阳台面等处注写标高，并沿高度方向注写各部分的高度尺寸。尺寸包括尺寸界线、尺寸线、尺寸起止符号和尺寸数字。除了尺寸起止符号用中粗短斜线绘制外，均用细实线绘制（图 2.3.5）。

图 2.3.4　标高符号［引自《房屋建筑制图统一标准》（GB/T 50001—2010）］

图 2.3.5　尺寸的组成［引自《房屋建筑制图统一标准》（GB/T 50001—2010）］

（7）文字注释：外墙面的装饰除了部分可以用材料图例来表示之外，还需用文字说明各部位所用面材及色彩。图样及说明中的汉字宜采用长仿宋体，也可书写成其他字体，但应易于辨认（图 2.3.6）。

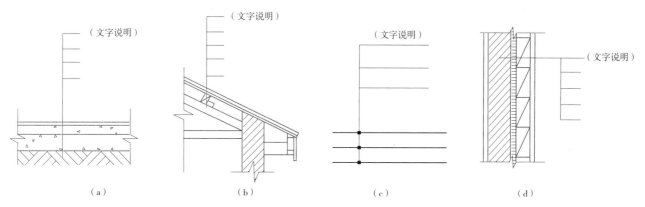

图 2.3.6　文字注释方法［引自《房屋建筑制图统一标准》（GB/T 50001—2010）］

（8）索引符号：当建筑立面比例过小，无法表达细部详细图样时，需另外绘制详图。这时需要用索引符号在建筑立面图上加以索引。索引符号是由直径为 10mm 的圆和水平直径组成，均以细实线绘制（图 2.3.7、图 2.3.8）。

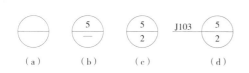

图 2.3.7　索引符号（一）　［引自《建筑制图标准》（GB/T 50104—2010），图（b）表示详图与建筑立面图绘制在一张图纸中；图（c）表示详图编号为 5，绘制在图纸编号为 2 的图纸上；图（d）表示详图编号为 5，绘制在图纸编号为 2 的图纸上，引用了编号为 J103 的标准图集］

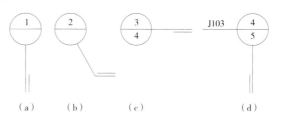

图 2.3.8　索引符号（二）　［引自《建筑制图标准》（GB/T 50104—2010），索引符号如用于索引剖视详图，应在被剖切的部位绘制剖切位置线，并以引出线引出索引符号，引出线所在的一侧应为投射方向］

（9）图例：建筑立面图上绘制的图例主要是材料图例和构配件图例。一般来说，建筑立面上的材料图例会根据实际材料大小、纹理来进行绘制。比如砖饰面、木饰面、金属饰面等会依据具体设计所采用材料的实际大小、纹理来绘制，形式不一，增强了建筑立面图的表现能力，当然有些过于复杂的材料会用文字注释。但是一些构配件的画法一般有制图规定，比如立面上最常见的门窗。表2.3.3门窗图例。

表2.3.3　　　　　　　　　　　　门 窗 图 例

| 序号 | 名称 | 图例 | 说明 |
|---|---|---|---|
| 29 | 双扇双面弹簧门 | | 同序号21 |
| 30 | 单扇内外开双层门<br>（包括平开或单面弹簧） | | 同序号21 |
| 31 | 双扇风个开双层门<br>（包括平开或单面弹簧） | | 同序号21 |
| 32 | 转门 | | 同序号21中的1、2、4、5 |
| 33 | 折叠上翻门 | | 同序号21 |
| 39 | 单层内开下悬窗 | | 同序号36 |
| 40 | 单层外开平开窗 | | 同序号36 |
| 41 | 立转窗 | | 同序号36 |

| 序号 | 名称 | 图例 | 说明 |
|------|------|------|------|
| 42 | 单层内开平开窗 | | 同序号 36 |
| 43 | 双层内外开平开窗 | | 同序号 36 |
| 24 | 墙外单扇推拉门 | | 同序号 21 说明中的 1 |
| 25 | 墙外双扇推拉门 | | 同序号 24 |
| 26 | 墙内单扇推拉门 | | 同序号 24 |
| 27 | 墙内双扇推拉门 | | 同序号 24 |
| 28 | 单扇双面弹簧门 | | 同序号 21 |

注 引自《建筑制图标准》(GB/T 50104-2010)。

### 2.3.1.3 立面图的基本内容

建筑立面图是建筑施工的重要技术依据,因此各个方向的立面应齐全。若房屋左右对称时,正立面图和背立面图也可各画出一半,单独布置或合并成一张图。合并时,应在图的中间画一条铅直的对称符号作为分界线。对于平面为回字形的房屋,它在院落中的局部立面,可在相关的剖面图上附带表示。如不能表示时,则应单独绘出。一般来讲,建筑立面图应包括以下内容。

(1)图纸名称、比例。

(2)表示房屋外形上可见部分的全部内容。从室外地坪线、房屋的勒脚、台阶、栏板、花池、门、窗、雨罩、阳台、墙面分格线、挑檐、女儿墙、雨水斗、雨水管、到屋顶上可见的烟囱、水箱间、通风道、室外楼梯和垂直爬梯等等全部内容及其位置。

（3）外墙各主要部位的标高。如室外地坪、各楼层地面、台阶、窗台、门窗洞顶、阳台、雨篷、女儿墙、屋顶等完成面的标高。

（4）注出建筑物两端（或分段）的轴线及编号。

（5）标出各部分构造、装饰节点详图的索引符号。

（6）用材料图例、文字或列表说明外墙面的装修材料及做法。

（7）图框及标题栏。一般包括图纸名称、设计单位、项目名称、设计、校对、审核等内容。各个设计单位有自己的格式，是设计单位整体形象的展示，应各具特色，有一定的辨识度。

### 2.3.1.4　立面图绘制的一般步骤

立面图是在平面图的基础上，引出定位辅助线确定立面图样的水平位置及大小。然后根据高度方向的设计尺寸确定立面图样的竖向位置及尺寸，从而绘制出整个图样。通常，绘制立面图的步骤如下（以计算机绘图为例）。

（1）绘图环境设置。设置"图形界限"，利用"图层"命令设置和管理图层，进行线型、线宽设置。

（2）确定定位辅助线。使用"直线"命令和"偏移"命令绘制墙、柱定位轴线、楼层水平定位辅助线及其他立面图样的辅助线。

（3）立面图样绘制。使用"多义线"命令、"偏移"和"修剪"命令绘制室外地坪及外墙轮廓线，使用"直线"命令、"偏移"、"修剪"和"复制"命令绘制内部凹凸轮廓、门窗、入口台阶等全部内容。

（4）尺寸及标高。主要进行标高标注，插入"带有属性的图块"完成。

（5）立面索引符号。采用"图块"插入完成。

（6）文字注释。使用"单行文字"命令进行立面材料说明，并注写图名、比例。

（7）图框和标题栏。插入"图块"完成。

（8）打印出图。打印参数设置。

## 2.3.2　设计技术部分

### 2.3.2.1　建筑体型和立面设计原则

建筑物在满足使用要求的同时，它的体型、立面会给人们带来某种精神上的感受。如明朗欢快的学校建筑、温馨亲切的住宅建筑、简洁大方的剧场建筑、时尚摩登的商业建筑（图 2.3.9）。

如何设计各具特色的建筑离不开对其体型和立面的设计。建筑体型设计主要是对建筑外观总的体量、形状、比例尺度等方面的确定，并针对不同类型建筑采用相应的体型组合方式；立面设计主要是对建筑各个立面的门窗组织、比例与尺度、入口及细部处理、装饰与色彩进行深入刻画和处理，使整个建筑形象趋于完善。体型和立面是建筑相互联系不可分割的两个方面，只有将两者作为一个有机整体统一考虑，才能获得完美的建筑形象。建筑体型和立面设计应遵循以下基本原则。

（1）适应基地环境和总体规划的要求。单体建筑是总体规划中的一个局部，拟建房屋的体型、立面、内外空间组合以及建筑风格等方面，要和总体规划中建筑群体相配合（图2.3.10）。

（a）住宅　　　　　　　　　　　　　　　（b）学校

（c）影剧院　　　　　　　　　　　　　　（d）商场

图 2.3.9　不同类型建筑的外形特征

图 2.3.10　上海外滩

　　任何建筑都必定坐落在一定的基地环境之中，要处理得协调统一，与环境融合为一体，就必须和环境保持密切的联系。所以建筑基地的地形、地质、气候、方位、朝向、形状、大小、道路、绿化以及与原有建筑群的关系等，都对建筑外部形象有极大影响。位于自然环境中的建筑要因地制宜，结合地形起伏变化使建筑高低错落、层次分明，并与环境融为一体（图 2.3.11）。

图 2.3.11　流水别墅

（2）符合建筑功能要求和建筑类型特征。不同功能要求的建筑类型，具有不同的内部空间组合特点，建筑的外部体型和立面应该正确反映这些建筑类型的特征（图 2.3.12、图 2.3.13）。

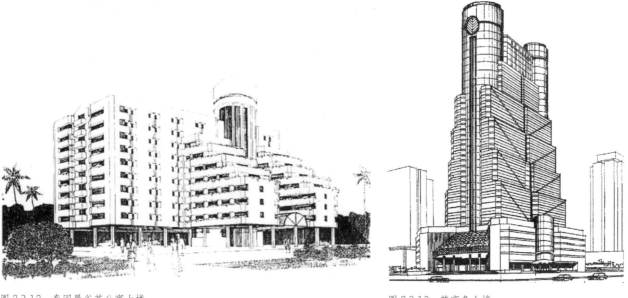

图 2.3.12　泰国曼谷某公寓大楼　　　　　　　　图 2.3.13　某商务大楼

（3）符合建筑审美原则。地球上出现人类的痕迹就有了人类对美的不懈追求，从原始时期的岩画到现代各种类型的艺术品，在人类几千年的创作过程中，逐渐形成了一定的审美原则，这种审美原则适用于对任何艺术品的鉴赏，当然建筑也是一种特殊的艺术品。我们通常把这些审美原则归纳为以下几条。

1）统一与变化：即"统一中求变化"、"变化中求统一"，是形式美的根本法则，广泛适用于建筑设计中（图2.3.14、图2.3.15）。

图2.3.14　巴黎凯旋门（以简单的几何形体求统一）

图2.3.15　欧洲某建筑（以主从关系求统一：运用轴线，突出入口、中央塔楼或两个端部；以低衬高突出主体；利用形象变化突出主体）

2）均衡与稳定：均衡主要是研究建筑物各部分前后左右的轻重关系，并使其组合起来给人以安定、平稳的感觉（图2.3.16、图2.3.17）。稳定则指建筑整体上下之间的轻重关系，应给人以安全可靠，坚如磐石的效果（图2.3.18）。

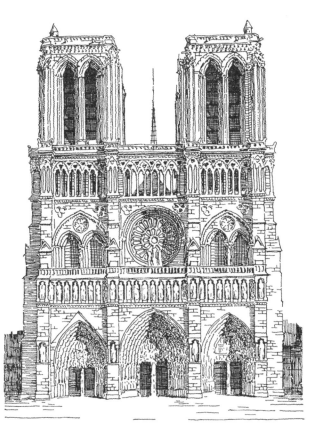

图2.3.17　北京工艺美术馆设计方案（非对称的均衡）

图2.3.18　欧洲某纪念塔（上小下大、上轻下重的稳定构图）

图2.3.16　巴黎圣母院（对称的均衡）

3）韵律与节奏：建筑物由于使用功能的要求和结构技术的影响，存在着很多重复的因素。在建筑构图中，有意识地对这些构图因素进行重复或渐变的处理，能使建筑形体以至细部产生节奏和韵律感，给人以强烈而深刻的印象（图2.3.19）。

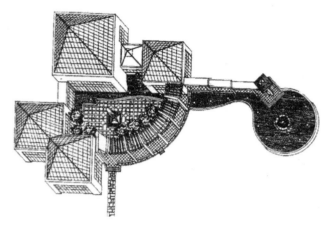

图 2.3.19 某公园建筑小品（重复的建筑单元通过大小变化、空间围合形成了富有节奏和韵律的构图）

4）比例与尺度：建筑中的比例主要指形体本身、形体之间、部分与整体之间在度量上的一种比较关系。良好的比例能给人以和谐、美好的感受。尺度一般不是指真实的尺寸和大小，而是人们感觉上的大小印象同真实大小之间的关系。两者一致，意味着建筑形象正确反映建筑物的真实大小。但对于某些特殊类型的建筑如纪念性建筑，则往往通过尺度处理，给人以崇高的感觉。对于庭园建筑，则希望使人感到小巧玲珑，产生一种亲切感（图2.3.20、图2.3.21）。

（a）对巴黎星形广场凯旋门所作的几何分析

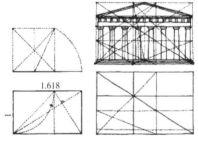

1.618

（b）对帕提农神庙所作的几何分析

图 2.3.20 模数比例（公元前6世纪，古希腊的毕达哥拉斯学派认为万物最基本的元素是数，数的原则统摄着宇宙中的一切现象。著名的"黄金分割"就是这个学派提出来的）

图 2.3.21 夸张的尺度（体现人民大会堂雄伟壮观的庄严气氛）

（4）反映结构、材料与施工技术特点：建筑物体型、立面和所用的材料、结构形式以及采用的施工技术关系极为密切（图 2.3.22、图 2.3.23）。

图 2.3.22　欧洲古堡建筑（砖石结构）

图 2.3.23　广州某建筑（框架结构）

（5）适应一定社会经济条件：建筑体型和立面设计，应根据房屋的使用性质和规模，严格贯彻国家规定的建筑标准和相应的经济指标。在建筑标准、所用材料、造型要求和装饰外观等方面，应该在合理满足使用要求的前提下，用较少的投资建造起简洁、明朗、朴素、大方以及和周围环境协调的建筑物来。

### 2.3.2.2　体型设计

建筑体型基本上可归纳为两大类：单一体型和组合体型。

（1）单一体型。单一体型是指整幢房屋基本上是一个比较完整的、简单的几何形体。单一体型的建筑常给人以统一、完整、简洁大方、轮廓鲜明的感觉。单一体型的体型变化方式见图 2.3.24 ~ 图 2.3.26。

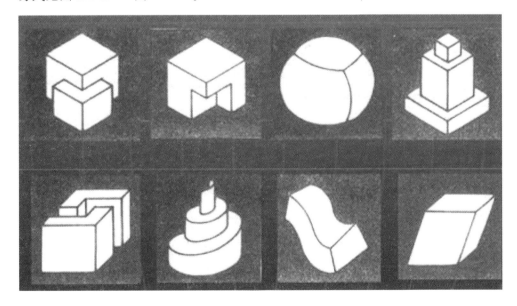

图 2.3.24　单一体型的变化图示（加法、减法、膨胀、收缩、分裂、旋转、扭曲、倾斜）

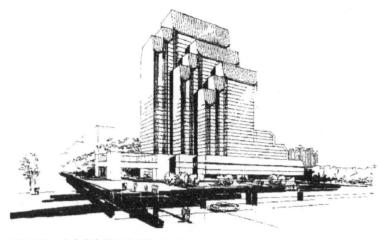

图 2.3.25　北京某宾馆设计方案（加法）　　　　　　　　　图 2.3.26　美国国家美术馆东馆（减法）

（2）组合体型。组合体型是指由若干简单体型组合在一起的体型。组合体型一般有两大类，即对称式组合和非对称式组合（图 2.3.27～图 2.3.29）。

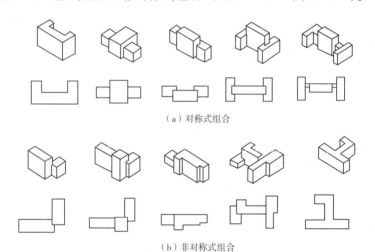

（a）对称式组合

（b）非对称式组合

图 2.3.27　对称式组合
与非对称式组合

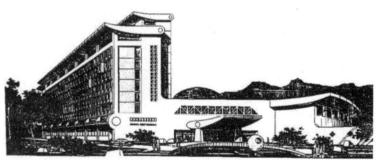

图 2.3.28　对称式组合（建筑有明显的中轴线，
主体部分位于中轴线上，主要用于需要庄重、肃
穆感觉的建筑）

图 2.3.29　非对称式组合（这种组合方式轻快活泼，容易适应不同的
基地地形，还可以适应多方位的视角。应特别注意均衡与稳定、主从
关系的处理）

（3）体型组合方式。体型组合的方式一般有分离、接触、相交、连接（图 2.3.30～图 2.3.32）。

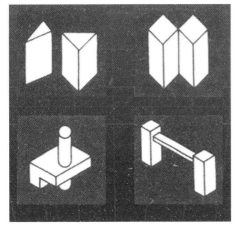

图 2.3.30 体型组合方式图示

图 2.3.31 某银行综合楼设计方案（分离）

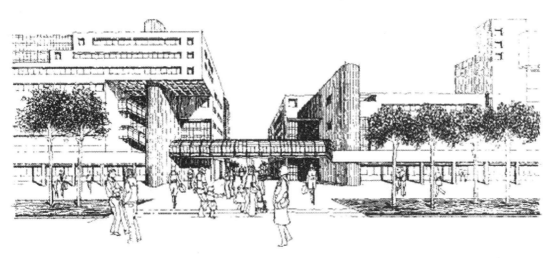

图 2.3.32 某商业步行街设计方案（连接）

（4）体型的连接方式。组合体型中，各体量之间的高低、大小、形状各不相同，如果连接不当，不仅影响到体型的完整性，甚至会直接破坏使用功能和结构的合理性。体型设计中常采取以下几种连接方式：直接连接、咬接、以走廊或连接体连接（图 2.3.33 ～ 图 2.3.36）。

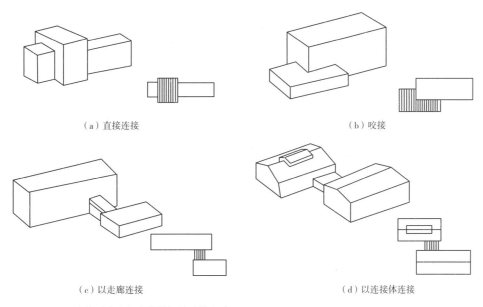

（a）直接连接　　　　　　　　　　　　　　　　（b）咬接

（c）以走廊连接　　　　　　　　　　　　　　　（d）以连接体连接

图 2.3.33 组合体型中各组成体量间的连接方式

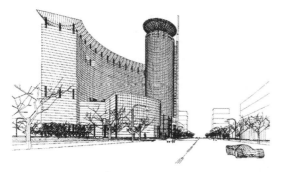

图 2.3.34 某商务办公楼设计方案（直接连接）

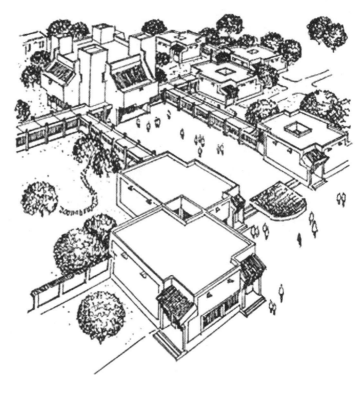

图 2.3.35 某美术馆设计方案（咬接）

图 2.3.36 河北某博物馆（以走廊连接）

（5）体型转折与转角处理。在特定的地形或位置条件下，如丁字路口、十字路口或任意角度的转角地带布置建筑物时，如果能够结合地形，巧妙地进行转折与转角处理，不仅可以扩大组合的灵活性，适应地形的变化，而且可使建筑物显得更加完整统一。通常采用以下的两种处理方式。

1）依据道路或地形的变化建筑体型作简单的变形和延伸，建筑的高度和外形特征不作大的变化，具有简洁流畅、自然大方、完整统一的外观形象（图 2.3.37）。

2）采用主附体相结合，以附体陪衬主体、主从分明的方式。这种方式以塔楼控制整个建筑物及周围道路，使交叉口、主要入口更加醒目（图 2.3.38）。

图 2.3.37 某酒店设计方案

图 2.3.38 某商业大楼设计方案

### 2.3.2.3 立面设计

如果说建筑体型设计决定了建筑的骨骼，那么建筑立面设计就是建筑骨骼上的皮肤，是建筑体型设计的进一步深化。在推敲建筑立面时不能孤立地处理每个面，必须认真处理几个面的相互协调和相邻面的衔接关系，以取得统一。立面设计应重点处理好以下几点。

（1）比例与尺度处理。建筑立面中的比例包括立面整体比例、立面各构成要素自身比例以及相互间的相对比例。设计时，在满足功能、结构等要求的基础上，从整体到局部的比例，从大的方面到细部的比例，进行反复推敲，使各部分都具有良好的比例关系，以求得立面的和谐统一（图 2.3.39、图 2.3.40）。

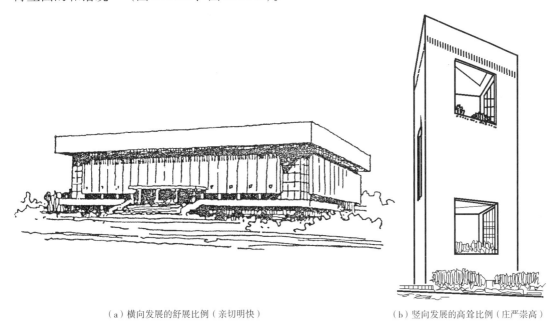

（a）横向发展的舒展比例（亲切明快）　　（b）竖向发展的高耸比例（庄严崇高）

图 2.3.39　立面整体比例的两种发展趋势

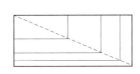

（a）相似矩形图解

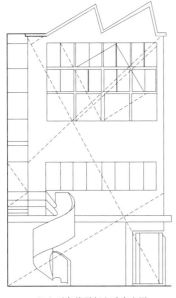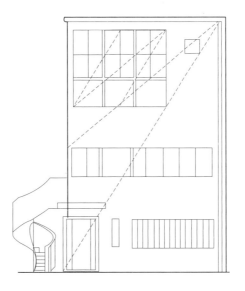

（b）对角线平行和垂直应用　　（c）窗与墙、门与窗、窗与窗之间应用对角线的比例关系

图 2.3.40　立面各构成要素自身比例以及相互间的相对比例

立面尺度通常要真实地反映建筑物的实际体量，当然有时候也会以虚拟尺度从视觉上改变建筑的实际大小，使建筑物看起来大一些，或者小一些。通常可借助于台阶、栏杆、窗台等构件来衬托出建筑物正确的尺寸感。

（2）虚实与凹凸的处理。建筑立面中，"虚"的部分有窗、凹廊、花格等，常给人以轻巧、通透的感觉。"实"的部分有墙、柱、檐口、栏板、阳台等，常给人以厚重、封闭的感觉。在立面处理中，可巧妙地利用虚实的对比关系来丰富建筑立面（图2.3.41）。

（a）实多虚少，建筑显得厚重　　　　　　　　　　（b）虚多实少，建筑显得轻盈

图2.3.41　立面虚实对比的效果

建筑立面中，凸的部分有挑檐、阳台、栏板、雨篷等；凹的部分有门窗、凹廊等。在立面处理中，可借助于凹凸的对比来丰富建筑立面、增强建筑物的体积感（图2.3.42）。

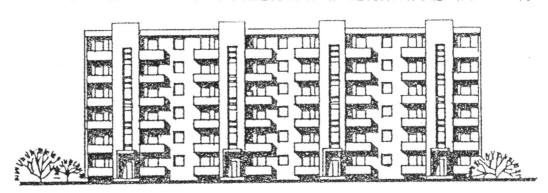

图2.3.42　立面凹凸对比的效果

（3）立面门窗的处理。窗是立面上的主要构件。窗的位置和大小受到内部空间的使用要求和结构的制约。建筑的性质也影响窗的形式和大小。如纪念性建筑的窗要庄重，比例要严谨，排列要规则，窗的尺寸不宜过大，以突出实墙面为主；娱乐性建筑在不破坏整体感的前提下，窗的排列可自由些，可运用曲线形式的窗，以突出活泼感，但一个立面上窗的形式不能过多（图2.3.43）。

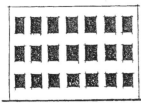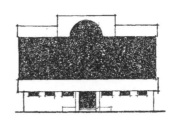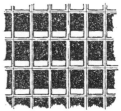

（a）均匀布置　　　　　　（b）上实下虚　　　　　　　　（c）上虚下实　　　　　　（d）网格式

图2.3.43　窗在立面上的布置

窗在立面上的排列组合，应反映出内部空间和结构的特点，同时，结合墙面上的其他构件，使之有规律、有条理又有变化，富有韵律节奏感。

建筑入口是立面细部重点推敲的地方，要着重突出形式和尺寸的适宜。建筑入口有凹入式、门廊式（图2.3.44）和雨篷式（图2.3.45）。

图 2.3.44　门廊式入口

图 2.3.45　雨篷式入口

（4）立面线条的处理。立面上客观存在的柱边线、墙面线、窗框线、檐口线等可以丰富立面的形象，通过良好的线条组织，可以使立面的主题更加突出。不同的线条可产生不同的观感效果。从形式上看，粗犷宽厚、刚直有力的线条使建筑物显得庄重，光滑纤细的线条使建筑物显得轻巧、秀丽，生动活泼；从方向上看，垂直线有挺拔、庄重、高耸的气氛，水平线有舒展、平静、亲切感，垂直线与水平线的混合划分可使立面具有图画效果（图2.3.46）。

（5）色彩与质感处理。色彩是构成一个建筑物外观乃至整个建筑环境的重要因素。色彩的选择不仅要考虑到建筑的性格、体型与尺度，为多数人所接受，还要满足建筑艺术和规划的要求。以浅色为主的立面使人感到清新、明快，以深色为主的立面多使人感到端庄、稳重，红、橙、黄等暖色趋于热烈、兴奋，青、蓝、绿等冷色多用于表现宁静、淡雅（图2.3.47、图2.3.48）。

（a）垂直划分

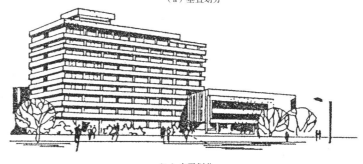

（b）水平划分

（c）混合划分

图 2.3.46　墙面线条的组织

图 2.3.47 国家大剧院（钢结构，采用金属及玻璃幕墙，色彩肃穆，体型简约凝练，富有时代感，是北京新的地标性建筑之一）

图 2.3.48 华润万象城（建筑尺度亲切平易，立面设计生动活泼，色彩明快亮丽，时尚摩登，符合商业建筑的性格特征）

建筑立面色彩的利用应注意以下几点。

1）建筑立面上的色彩不宜过多，通常应以一个色彩为主，其他处于从属地位。应避免色彩杂乱，喧宾夺主。

2）立面色彩在大面积使用时，不要采用过纯的颜色，注意复色的使用。

3）确定颜色时，除了应注意特定饰面做法的耐污染性与色彩的耐久性外，还要注意在不同地点观察时的效果。

立面上饰面质感主要取决于所用的材料及装修方法。同样的材料采用不同的装修方法，可以获得不同的质感，如聚合物水泥砂浆分别采用抹光、弹涂、拉毛所获得的质感效果是不同的。不同的材料，其质感表现不同，如铝板和玻璃墙光滑细腻、新颖轻快，砖石与粗糙的混凝土墙面则显得质朴厚重，富有力度感（图2.3.49）。

图2.3.49　中国国家博物馆（体型古朴大方，色彩以灰白为主调，用粗糙的质感表达质朴与厚重，富有力度，是中国近代建筑的代表作品）

建筑立面装饰质感的设计应注意以下几点。

1）质感与建筑风格的协调。粗质的材料质地用在体量小、立面造型比较纤细的建筑物上就不一定合适。而体量较大，采用粗犷的装饰材料，就能较好地体现整个建筑物的风格。

2）建筑立面不同部位的质感设计。建筑设计往往给立面的不同部位选择不同的饰面做法，以求得质感上的对比与衬托，较好地体现立面风格或强调某些立面处理意图。

3）建筑立面质感设计还要考虑耐污染等具体的问题。比较粗的质感对表面平整要求低，对瑕疵不平等缺陷的遮丑能力强，但易于挂灰积尘。而比较细的质感则反之，虽遮丑能力较弱，但不易挂灰积尘。因此，在大气污染程度较高及风沙大的地区应重点考虑这个因素。

（6）细部处理。细部处理是对建筑物立面上体量小或在近处才能看清的构件与部位（如凹凸线脚、窗框、窗台、台阶、栏杆、雨篷、檐口及遮阳板等）进行细致的加工装饰和必要的点缀，使立面形象更加完美、生动。

## 2.3.3　案例学习

不同的建筑类型和结构形式，有不同的立面特征和表达形式。作为初学者，先从常见的建筑立面形式着手，循序渐进，学习建筑立面设计技术。

### 2.3.3.1　案例 1　某小区幼儿园立面设计图

小区幼儿园的立面图如图 2.3.50 和图 2.3.51 所示。

图 2.3.50　某小区幼儿园立面（一）

这是北京市的某小区幼儿园，设计理念是"用儿童的眼光看世界"。该幼儿园是以尺度为出发点进行设计的。建筑的高度、窗的高度、楼梯的高度都是站在幼儿的角度来进行考虑的，以希望孩子觉得自己生活在自己的天地里，因此，整个幼儿园在四周的环境中也显得是小了一号。体型设计上采用单元体的加法，统一且富有变化，形体比例适宜，虚实对比强烈，凹廊营造出轻盈通透的效果，立面线条划分轻快，具有图画的效果。

图 2.3.51　某小区幼儿园立面（二）

建筑的颜色也是从周围的高层住宅上借鉴过来的，根据幼儿的认知特点，组织成色彩斑斓的立面，颇有构成派的特点。在体型与立面设计上也与周围建筑相互呼应，使建筑与环境融为一体。

### 2.3.3.2　案例 2　某研发大楼立面设计

建筑采用围合式布局，内敛含蓄。各研发大楼采用架空连廊进行体量组合，内外环境密切渗透融合，并不封闭。5 万 m² 的建筑体量分解成小型建筑的群体，尺度亲切宜人。立面设计上虚实对比得当，富于变化却不失简洁大方，创造了一个"外拙内秀"的建筑（图2.3.52）。

图 2.3.52　某研发大楼立面设计

在用材上，借鉴了许多知名企业办公楼的设计理念，既能够用玻璃、金属等材料来展现现代工业气息，也能够用砖、木等亲切、自然的传统材料展现人文主义关怀。这些材料在色彩和质感上都产生了强烈的对比，但由于设计者巧妙的安排，并不显得唐突（图 2.3.53）。

图 2.3.53　办公大楼参考图片

### 2.3.3.3　案例 3　2010 年上海世博会英国馆建筑立面设计

图 2.3.54 所示为 2010 年上海世博会上最独具匠心的标志性展馆——英国馆，其最大的亮点是由 6 万根蕴含植物种子的透明亚克力杆组成的巨型"种子殿堂"。所有的触须

会随风轻微摇动，其"绒毛"般的质感，让人联想起花草在风中飘动的自然之美，彻底颠覆了人们心目中那些钢筋混凝土建筑物的冷硬形象。在主建筑外围，有一个足球场大小的露天广场，不规则的起伏褶皱和微微翘起的四角从高空俯瞰，恰似"一张拆开的包装纸"，将包裹在其中的"种子圣殿"送给中国，作为一份象征两国友谊的礼物。露天广场上铺了银灰色的人造草坪，踩上去舒适柔软，天气晴朗的时候，游客甚至可以席地而坐，享受回归自然的休闲时光。该展厅设计充分展示了当代英国的科技水平和人文理念。

图 2.3.54　2010 上海世博会英国馆

### 2.3.4　实训项目

#### 2.3.4.1　实训项目 1　小建筑测绘（6 学时）

**1. 作业目的**

（1）通过对实际建筑物的测绘，加强对建筑的实际感受。

（2）进一步训练墨线制图、字体、建筑绘图的技能及建筑平、立、剖面图的表达方式。

**2. 作业要求**

（1）对照实测建筑物作平、立、剖面图草稿。

（2）对建筑物平、立、剖面图各个相关部分进行实测，标注相应尺寸，根据数据绘制成图。

（3）图纸内容：平面图、立面图、剖面图。

（4）图面表达清晰、完整、正确；墨线绘图规范，构图均衡、美观。

#### 2.3.4.2　实训项目 2　小建筑设计（12 学时）

**1. 作业目的**

（1）初步了解建筑设计的基本过程及方法。

（2）观察了解人的行为模式与建筑及环境的关系。

（3）初步认识人体工程学与建筑的尺度、比例的关系。

（4）进行简单的建筑形式及空间环境设计。

**2. 作业要求**

（1）在给定的基地环境内设计一餐饮建筑，表 2.3.4 为功能用房及面积一览表。

（2）功能要求合理，空间组织及形体要表现餐饮建筑的特点。

（3）处理好建筑物与环境之间的关系。

（4）立面与造型要美观、富有变化。

**3. 图纸要求**

（1）总平面图 1∶500，平面图、立面图、剖面图 1∶100，透视表现图。

（2）图纸规格：500×700 绘图纸（或水彩纸）。

表 2.3.4　　　　　　　　　　　　　　　　功能用房及面积一览表

| 功能分区 | 空间名称 | 功能要求 | 家具设备 | 面积（m²） |
|---|---|---|---|---|
| 餐厅部分 | 餐厅 | （1）根据餐馆经营特点可分为雅座和散座，亦可设酒吧和快餐座。<br>（2）餐厅不仅提供餐饮服务，同时应创造良好的餐饮环境及气氛。<br>（3）注意交通组织，体现空间的流动性。<br>（4）也可考虑加其他辅助功能 | （1）座位：80 个。<br>（2）可设小卖酒吧等 | 140 |
| | 付货部 | （1）提供酒水、冷荤、备餐、结账等服务。<br>（2）位置应设在厨房与餐厅交接处，与服务人员和顾客均有直接联系 | （1）柜台、货架、付款机等。<br>（2）可根据不同经营特点适当考虑部分食品展示功能 | 10 |
| | 门厅 | 引导顾客通往餐厅各处的交通与等候空间 | （1）可设存衣、引座等服务设施。<br>（2）设部分等候座位。<br>（3）可设部分食品展示柜 | 15 |
| | 客用厕所 | （1）男女厕所各 1 间。<br>（2）洗手间可单独设置或分设于男女厕所内。<br>（3）厕所门的设置要隐蔽，应避开从公共空间来得直接视线 | （1）男女厕所内各设便位 1～2 个。<br>（2）男厕所设小便位 1 个。<br>（3）带台板的洗手池 1 个。<br>（4）拖布池 1 个 | 15 |
| 厨房部分 | 主食初加工 | （1）完成主食制作的初步程序。<br>（2）要求与主食库有较方便的联系 | 设面案、洗米机、发面池、饺子机、餐具与半成品置放台 | 20 |
| | 主食热加工 | （1）主食半成品进一步加工。<br>（2）要求与主食初加工和备餐有直接联系 | （1）设蒸箱、烤箱等。<br>（2）考虑通风和排除水蒸气 | 30 |
| | 副食初加工 | （1）属于原料加工，对从冷库和外购的肉、禽、水产品和蔬菜等进行清洗和初加工。<br>（2）要求与副食库有较方便的联系 | 设冰箱、绞肉机、切肉机、菜案、洗菜池等 | 20 |
| | 副食热加工 | （1）含副食细加工和烹调间等部分，可根据需要做分间和大空间处理。<br>（2）对于经过初加工的各种原料分别按照菜肴和冷荤需要进行称量、洗切、配菜等过程后，成为待热加工的半成品。<br>（3）要求与副食初加工有直接联系 | （1）设菜案、洗池和各种灶台等。<br>（2）灶台上部考虑通风和排烟处理 | 40 |
| | 冷荤制作 | 注意生熟分开 | 设菜案和冷荤制作台 | 10 |

| 功能分区 | 空间名称 | 功能要求 | 家具设备 | 面积（m²） |
|---|---|---|---|---|
| 储藏部分 | 主食库 | 存放供应主食所需米、面和杂粮 | | 10 |
| | 副食库 | （1）包括干菜、冷荤、调料和半成品。<br>（2）冷藏库考虑保温 | | 15 |
| 备餐部分 | 备餐 | （1）包括主食备餐和副食备餐。<br>（2）要求与热加工有方便联系。<br>（3）位于厨房与餐厅之间 | 设餐台、餐具存放等 | 12 |
| | 餐具洗涤消毒间 | 要求与备餐有较方便的联系 | 设洗碗池、消毒柜等 | 10 |
| 辅助部分 | 办公室两间 | | | 24 |
| | 更衣、休息 | 男、女各1更衣间，休息1间 | | 20 |
| | 淋浴、厕所 | （1）男、女厕所各1间。<br>（2）淋浴可分设于男、女厕所内亦可集中设1淋浴间，分时使用 | （1）男女厕所内各设便位1个。<br>（2）淋浴1个。<br>（3）男厕所设小便位1个。<br>（4）前室设洗手盆1个。<br>（5）拖布池1个 | |

## 课题 4　建筑剖面设计

**学习目标**

通过本章节的学习，使学生了解建筑单体剖面设计的相关术语和制图知识，熟悉建筑剖面设计的方法和技巧，掌握建筑剖面图的绘制方法和设计依据。

### 2.4.1　基础知识部分

#### 2.4.1.1　术语

建筑平面图能够反映建筑的横向和纵向尺寸以及内部空间的功能布局情况；建筑立面图能够反映建筑的竖向尺寸和立面特征；而建筑竖向内部空间的结构与楼层之间的联系以及建筑内部与外部之间的空间联系则需要另外一种图样表达，即建筑剖面图。

建筑剖面图是用一假想的剖切评面将房屋沿竖向剖开，移去观察者与剖切平面之间的房屋部分，作出剩余部分的房屋的正投影图，所得图形称为剖面图（图2.4.1）。

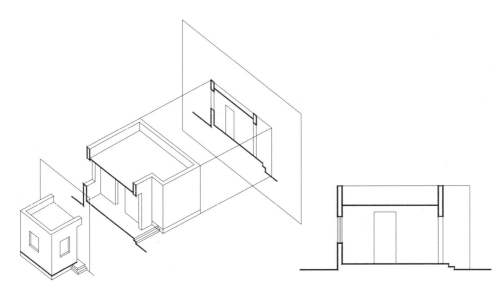

图 2.4.1　剖面图的形成

建筑剖面图主要表示房屋的内部结构、分层情况、各层高度、楼地面和屋面的构造、高度尺寸以及各配件在竖向的相互关系等内容。在施工中，剖面图可作为进行分层、砌筑内墙、铺设楼板和屋面板、门窗安装以及内部装修等工作的依据，是与平、立面图相互配合的不可缺少的重要图样之一。

建筑剖面图表达了对空间内部联系的一种理解，并且非常清楚地表达了他们联系的方式，这是立面图所不及的（图2.4.2）。

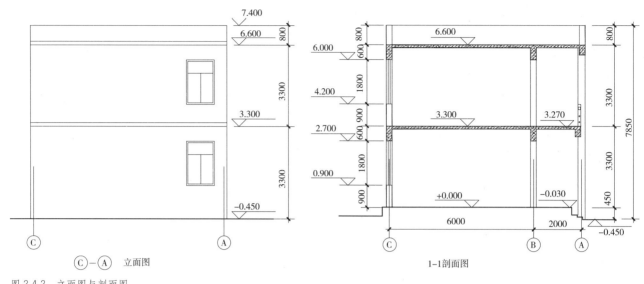

图2.4.2　立面图与剖面图

### 2.4.1.2　剖面图制图知识

一套图纸，剖面图的数量是根据房屋的复杂情况和施工实际需要决定的。剖切平面一般横向，即平行于侧面，必要时也可纵向，即平行于正面。其位置应选择在能反映出房屋内部构造比较复杂与典型的部位，并应通过门窗洞的位置。若为多层房屋，应选择在楼梯间或层高不同、层数不同的部位。

如建筑形体具有对称性，那么剖切平面一般应通过物体的对称面，或者通过孔洞的轴线。剖面图的图名应与底层平面图上剖切符号相对应。

（1）剖切符号。《房屋建筑制图统一标准》（GB/T 50001—2010）中6.1规定，剖切符号应符合下列规定。

1）剖视的剖切符号应由剖切位置线及投射方向线组成，均应以粗实线绘制。剖切位置线的长度宜为6～10mm；投射方向线应垂直于剖切位置线，长度应短于剖切位置线，宜为4～6mm。绘制时，剖视的剖切符号不应与其他图线相接触（图2.4.3）。

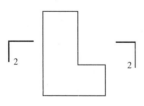

图2.4.3　剖切符号示意

2）剖视剖切符号的编号宜采用阿拉伯数字，按顺序由左至右、由下至上连续编排，并应注写在剖视方向线的端部。

3）需要转折的剖切位置线，应在转角的外侧加注与该符号相同的编号。

4）建（构）筑物剖面图的剖切符号宜注在 ±0.00 标高的平面图上。通常对下列剖面图不标注剖面剖切符号：通过门、窗洞口位置剖切房屋，所绘制的建筑平面图；通过形体（或构配件）对称平面、中心线等位置剖切形体，所绘制的剖面图。

（2）剖面图的画法。《房屋建筑制图统一标准》中9.3.1规定：剖面图除应画出剖切面切到部分的图形外，还应画出沿投射方向看到的部分，被剖切面切到部分的轮廓线用粗实线绘制，剖切面没有切到、但沿投射方向可以看到的部分，用中实线绘制。被剖切断的钢筋混凝土梁板构件涂黑。为了使图形更加清晰，剖面图中一般不绘出虚线。

因为剖切是假想的，所以除剖面图外，画物体的其他投影图时，仍应完整地画出，不受剖切影响。

（3）剖面图的种类。由于建筑形体的多样性，对建筑形体做剖面图时所剖切的位置、方向和范围也不同。通常工程图常用的剖面图有全剖面图、半剖面图、阶梯剖面图、展开剖面图、局部剖面图和分层剖面图 6 种。

1）全剖面图。假想用一个剖切平面将建筑形体全部剖开，画出的剖面图称为全剖面图。全剖面图一般应用于不对称的建筑形体，或虽然对称但外形比较简单而内部结构复杂的物体，或在另一投影中已将其外形表达清楚的建筑形体。在建筑工程图中，建筑平面图就是用水平剖切面剖切后绘制的水平全剖面图（图 2.4.4）。

2）半剖面图。如果建筑形体是对称的，并且内外结构都比较复杂时，可以以图形对称线为分界，一半绘制建筑形体的正投影图，一半绘制建筑形体的剖面图，同时表达建筑内外形状。这种由一半剖面一半投影组合而成的图样称半剖面图（图 2.4.5）。半剖面图可同时表达出物体的内部结构和外部结构，节省了投影图的数量。

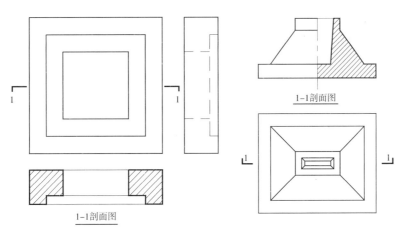

图 2.4.4　全剖面图　　　　　　　　图 2.4.5　半剖面图

在半剖面图中，如果物体的对称线是竖直方向，则剖面部分应画在对称线的右边；如果物体的对称线是水平方向，则剖面部分应画在对称线的下边。另外，在半剖面图中，因内部情况已由剖面图表达清楚，所以表示外形的那半边一律不画虚线，只是在某部分形状尚不能确定时，才画出必要的虚线。半剖面图的剖切符号一律不标注，图名沿用原投影图的图名。

3）阶梯剖面图。用两个或两个以上互相平行的剖切平面将建筑形体剖开后所绘制的剖面图，叫阶梯剖面图（图 2.4.6）。如果一个剖切面不能将形体需要表示的内部结构全部剖切到，而为了减少剖面图的数量，通常采用这样的剖切方法。

画阶梯剖面图时，在剖切平面的起始及转折处，均要用粗短线表示剖切位置和投影方向，同时注上剖面名称。如不与其他图线混淆时，直角转折处可以不注写编写。另外，由于剖切面是假想的，因此，两个剖切面的转折处不应画分界线。

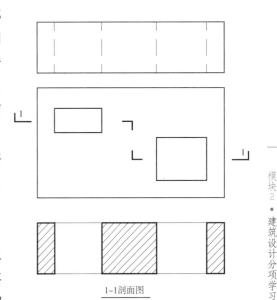

图 2.4.6　阶梯剖面图

4）展开剖面图。用两个或两个以上相交的剖切面（剖切面的交线应垂直于某投影面）剖切建筑形体后，将倾斜于投影面的剖面绕其交线旋转展开到与投影面平行的位置再投影，所得的剖面图称为展开剖面（图2.4.7）。用这种方法剖切时，应在剖面图的图名后加注"展开"字样。

画展开剖画图时，应在剖切平面的起始及相交处，用粗短线表示剖切位置，用垂直于剖切线的粗短线表示投影方向。

5）分层剖面图。为了表示建筑物内部的构造层次，并保留其部分外形时，可用局部分层剖切，由此而得的图称为分层剖切剖面图（图2.4.8）。画这种剖面图时，应用波浪线按层次将构造各层隔开，波浪线可以视作物体断裂面的投影。绘制波浪线时，不能超出图形轮廓线，在孔洞处要断开，也不允许波浪线与图样上其他图线重合。不需标注剖切符号和编号，图名沿用原投影图的名称。

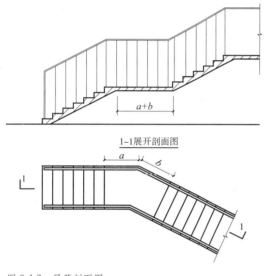

图 2.4.7 展开剖面图

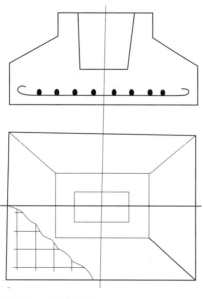

图 2.4.8 分层剖面图

6）局部剖面图。用一个剖切平面将物体的局部剖开后所得到的剖面图称为局部剖面图，简称"局部剖"（图2.4.9）。局部剖适用于外形结构复杂且不对称的物体。

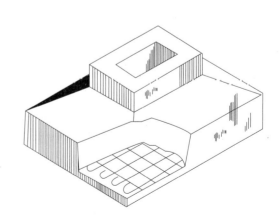

图 2.4.9 局部剖面图

（4）画剖面图的注意事项。

1）剖切平面与物体接触部分的轮廓线用粗实线绘制，剖切平面没有切到、但沿投射方向可以看到的部分，用中实线绘制。

2）剖切平面与物体接触的部分，一般要绘出材料图例。在不指明材料时，用 45°细斜线绘出图例线，间隔要均匀。在同一物体的各剖面图中，图例线的方向、间隔要一致。

3）剖面图中一般不绘出虚线。

4）因为剖切是假想的，所以除剖面图外，画物体的其他投影图时，仍应完整地画出，不受剖切影响。

### 2.4.1.3　剖面图的基本内容

（1）剖面图的图示内容。建筑剖面图主要用来表示房屋内部竖向尺寸、楼层分层情况及结构形式和构造方式等。它与建筑剖面图、立面图相配合，是建筑施工中不可缺少的重要图样之一。

在学习中必须熟练掌握其作图方法，并能准确理解和识读各种剖面图，以提高对工程图的识读能力。

建筑剖面图主要包括以下内容：

1）表示主要内、外承重墙、柱、梁的轴线及轴线编号。

2）表示主要结构和建筑构造部件，如室内底层地面、各层楼面、顶棚、屋顶、檐口、女儿墙、防水层、保温层、天窗、楼梯、门窗、阳台、雨篷、踢脚板、防潮层、室外地面、散水、排水沟、台阶、坡道及其他装修等剖切到或可见的内容。

3）标出标高和尺寸。

a.标高内容。应标注被剖切到的外墙门窗洞口的标高，室外地面的标高，檐口、女儿墙的标高，以及各层楼地面的标高。

b.尺寸内容。应标注门窗洞口高度、层间高度和建筑总高 3 道尺寸。室内还应该标注内墙上门窗洞口的高度，以及内部设施的定形和定位尺寸。

4）表示楼地面各层的构造。一般用引出线说明楼地面、屋顶的做法。如果另画详图，或已有说明则在剖面图中画详图之处的索引符号。

5）注明图纸名称、比例。

剖面图的比例应该与平面图、立面图一致。

（2）建筑剖面图的识读。

1）从图名了解剖面图的剖切位置与编号。从底层平面图中可以看到相应编号的剖切符号，由此可以分析出，该剖面图剖切到建筑的平面位置，从而了解该剖面图与平面图的对应关系。图 2.4.10 的剖面图对应平面图 1-1 和图 2-2 剖切位置。剖面图的宽度应该与平面图对应的宽度尺寸相等，剖面图的高度应该与立面图保持一致。

2）从被剖切到的墙体、楼板和屋顶形式等了解房屋的结构形式。从图 2.4.10 的 1-1 剖面图分析出，该建筑有两层，属于混合结构，楼板和梁等水平承重构件用钢筋混凝土制作，墙体用砖砌筑。该建筑属于平屋顶，设有女儿墙。

3）了解房屋各部位的竖向尺寸标注。在 1-1 剖面图中画出了主要承重墙的轴线及其编号和轴线的间距尺寸。在竖直方向注出了房屋主要部位即室内外地坪、楼层、门窗洞口上下、女儿墙顶面等处的标高及高度方向的尺寸。从 1-1 剖面图识读出房屋的层高为 3300mm，总高为 7850mm，室内外高差 450mm，窗台高度 900mm，女儿墙高度 800mm。请自行分析 2-2 剖面中反映的房屋个部分竖向尺寸。

4）了解楼梯的形式和构造。从图 2.4.10 中，可以了解楼梯的形式为平行双跑楼梯，每层有 20 个踏步，每个梯段有 10 个踏步。该楼梯为钢筋混凝土结构。

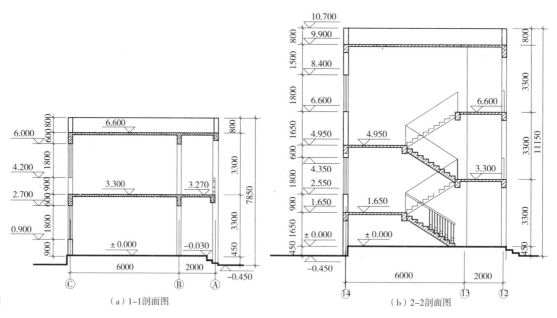

图 2.4.10　剖面图

（a）1-1剖面图　　　　　　　（b）2-2剖面图

（3）剖面图的绘图步骤。画剖面图应根据底层平面图上的剖切位置以及被剖切到的建筑部位和投影方向确定剖面图的图示内容。剖面图比例和图幅的选择与平面图和立面图相同。

剖面图的绘制步骤如下（图 2.4.11）。

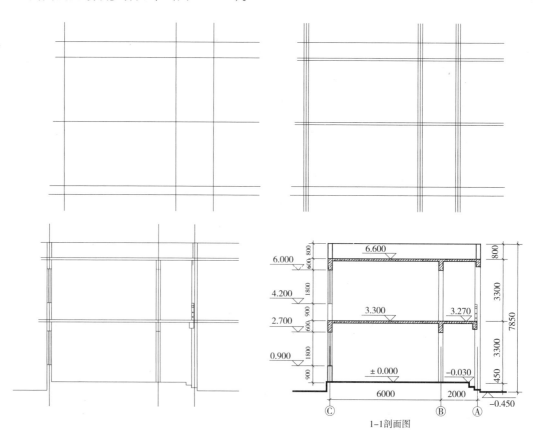

图 2.4.11　剖面图的绘图步骤

1-1剖面图

1）绘制定位轴线、室内外地坪线、各层楼面线和屋面线。

2）绘制墙身和楼板。

3）绘制细部：如门窗洞口的高度线、楼梯、梁、雨篷、檐口、台阶等。

4）坚持无误后，擦去多余线条，按施工图要求画材料图例，注写标高、尺寸、图名、比例及有关的文字说明。

5）加深图线。

## 2.4.2 设计技术部分

建筑剖面设计是在建筑平面设计的基础上进行的，不同的剖面关系也会反过来影响到建筑平面的布局，所以建筑设计的整个过程是一个统一的过程，设计中的一些问题往往需要将平面和剖面结合在一起考虑，才能加以解决。例如建筑平面中房间的分层安排及各层面积大小需要结合剖面中建筑物的层数一起考虑，建筑剖面中建筑的层高需要与平面中房间的面积大小、进深尺寸结合考虑等。

建筑剖面设计主要是确定建筑物在垂直方向上的空间组合关系，是对各房间和交通联系部分进行竖向的组合布局。在建筑设计过程中，需要假设对建筑物在适当的部位进行从上至下的垂直剖切，展现建筑内部的竖向结构，然后再确定垂直方向上的空间组合关系。

建筑单体剖面设计的基本内容包括：单个房间的剖面设计、建筑各部分高度的确定和层数的确定以及建筑空间的剖面组合设计三个方面。

此外，还要处理建筑剖面中的结构、构造关系等问题。

### 2.4.2.1 单一房间的剖面设计

#### 1. 房间的剖面形状

房间的剖面形状分为矩形和非矩形两类。在民用建筑中，普通功能要求的房间，其剖面形状多采用矩形。对于某些功能上有视线、音质等特殊要求的房间，如影剧院的观众厅、体育馆的比赛厅、学校的合班教室等，应根据使用功能要求，选择与之相适应的剖面形状。

#### 2. 房间的功能要求

（1）视线要求。有视线要求的房间主要是指影剧院的观众厅、体育馆的比赛大厅、教学楼中的阶梯教室等。为了保证人们的视线质量，使人们从眼睛到观看对象之间没有遮挡，需要进行视线设计，使室内地坪按一定的坡度变化升起。

地面升起的坡度与设计视点的位置、后排与前排的视线升高值有关，另外，第一排座位的位置、排距、前后排对位或错位排列等对地面的升起坡度也有影响。

设计视点是指按设计要求所能看到的极限位置，以此作为视线设计的主要依据。各类建筑由于功能不同，观看对象不同，设计视点的选择也不一致。如在电影院中，设计视点应选在银幕下缘的中点；在剧院中，设计视点一般宜选在舞台面台口线中心台面处或舞台面上方不超过 300mm 处；学校合班教室的设计视点一般应选在黑板底边；在体育馆中，设计视点一般应选在篮球场的边线上或边线上方不超过 500mm 处。设计视点越低，地面的升起坡度越大，而设计视点较高时，地面升起也较平缓。

设计视点与人眼的连线成为设计视线。视线升高值即 c 值，是指后排人的设计视线与前排人的头顶相切或超过时，与前排人的眼睛之间的垂直距离。c值与人眼睛到头顶的高度及视觉标准有关，一般为120mm。在设计中，对视线升高值的选取通常有两种标准：一种是前后排对齐布置，每排视线升高值为120mm，保证了良好的视觉效果，但地面升起坡度较大；另一种是将前后排座位错开布置，每排升高60mm，其视觉效果也比较好，而且地面升起坡度变缓，因此采用较多（2.4.12）。

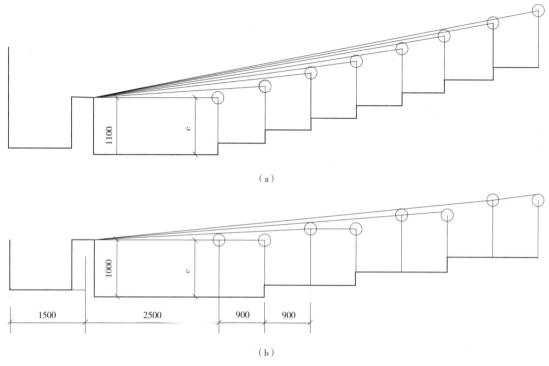

图 2.4.12　c值选取标准与地面起坡的关系

在实际设计中，当地面的升起坡度不大时，常采用折线形；当坡度大于1∶6时，应采用阶梯形。

（2）音质要求。有音质要求的房间主要是指剧院、会堂等建筑，因为这些建筑对音质要求很高，在确定房间的剖面形状时，音质要求主要影响到顶棚的处理。

为保证室内声场分布均匀，避免产生声音聚焦及回声，应根据声学设计来确定顶棚的形状。顶棚是室内声音的主要反射面，它的形状应使室内各部位都能得到有效的反射声。一般情况，凸面可使声音扩散，声场均匀分布，凹曲面和拱顶易产生声音聚焦，声场分布不均匀，设计时应尽量避免。

如剧院的观众厅，一般后区的声压比较低，为了利用顶棚的反射声加强这部分的声压，顶棚常向舞台方向倾斜。为避免观众厅前区和中区缺少反射声或出现回声，通常将观众厅前部靠近舞台口的顶棚压低。为避免产生声音聚焦，顶棚的形状应尽量避免采用凹曲面，否则，应加大凹曲面的曲率半径，使声音的聚焦点不在观众座位区（图2.4.13）。

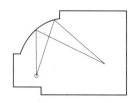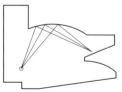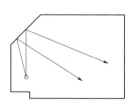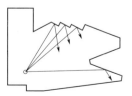

图 2.4.13　剖面形状与音质的关系

（3）采光和通风要求。一般房间由于进深不大，侧窗已经能满足室内采光和通风等卫生要求，剖面形式比较单一，多以矩形为主。但当房间进深较大，侧窗已无法满足上述要求时，就需要设置各种形式的天窗，从而也就形成各种不同的剖面形状。

例如展览建筑中的陈列室，为了使室内照度均匀，避免光线直射损害陈列品和产生眩光，并使采光口不占用或少占用陈列墙面，常采用各种形式的采光窗。餐饮建筑中的厨房，由于操作过程中散发出大量的热量、蒸汽、油烟等，常在顶部设置排气窗以加速排出有害物体，形成其特有的剖面形状（图2.4.14）。

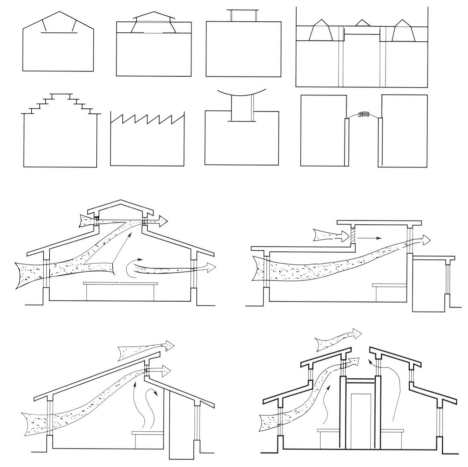

图2.4.14　剖面形状与采光和通风的关系

### 3. 结构、施工等技术经济方面的要求

矩形的房间剖面形状，不仅能满足房间的普通功能要求，而且具有结构布置简单，施工方便，节省空间等特点，因此采用较多。但有些大跨度建筑的房间，由于受结构形式的影响，常形成具有结构特点的剖面形状（图2.4.15）。

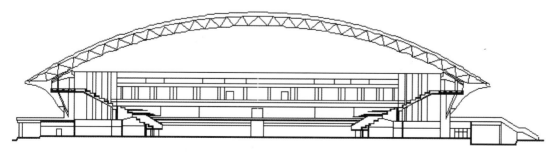

图2.4.15　剖面形状与结构的关系

#### 4. 室内空间艺术要求

为获得良好的空间艺术效果，对装修标准较高的房间，可结合顶棚、地面的处理，使其剖面形状富有一定的变化（图 2.4.16）。

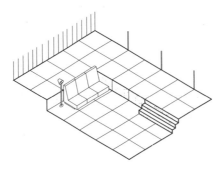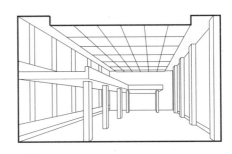

图 2.4.16　室内空间处理对剖面形状的影响

#### 5. 净高与层高的设计

（1）定义。房间的净高是指室内楼地面到吊顶或楼板底面之间的垂直距离，楼板或屋盖的下悬构件影响有效利用空间时，房间的净高应是室内楼地面到结构下缘之间的垂直距离（图 2.4.17）。

层高是指该层楼地面到上层楼面之间的垂直距离。层高应符合《建筑模数协调统一标准》（GBJ 2—1986）要求，当层高不超过 3.6m 时，应采用 1M 数列；超过 3.6m 时，宜采用 3M 数列。

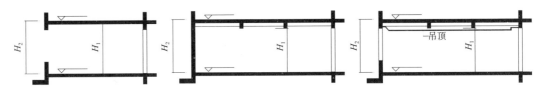

图 2.4.17　房间的净高（$H_1$）和层高（$H_2$）

（2）确定房间的净高和层高的因素。

1）人体活动尺度。房间的净高与人体活动尺度有很大关系。为保证人的正常活动，

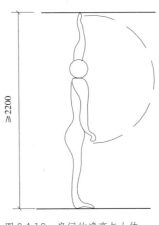

图 2.4.18　房间的净高与人体尺度的关系

一般情况下，室内净高度应保证人在举手时不触及到顶棚也就是不应低于 2200mm。按有关规范规定及使用要求考虑，地下室、储藏室、局部夹层、走道和房间最低处的净高不应小于 2m，楼梯平台上部及下部过道处的净高不小于 2m，梯段净高不应小于 2.2m（图 2.4.18）。

2）家具、设备的影响。房间内的家具、设备以及人们使用家具设备所需要的空间大小也直接影响房间的净高和层高。例如学生宿舍设有双层床时，净高不应小于 3000mm，层高一般取 3300mm 左右；医院手术室的净高应考虑到手术台、无影灯以及手术操作所必需的空间，其净高不应小于 3000mm（图 2.4.19）。

3）经济要求。在满足使用要求和卫生要求前提下，从经济的角度考虑，合理选择房间高度，适当降低层高，从而可以降低建筑总高度，可相应减轻建筑物自重，节约材料，降低建筑造价。同时可以缩小建筑物之间的间距，节约用地，节省投资。例如住宅建筑，

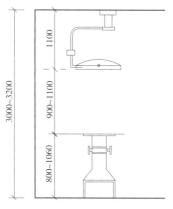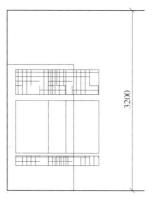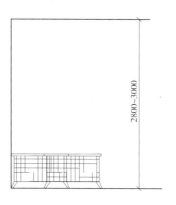

图 2.4.19　房间的净高与家具设备的关系

层高每降低 100mm，缩小建筑间的间距，可节约 2% 左右居住区用地，可以节省投资 1%。

4）室内空间要求。除了以上影响到确定房间净高和层高的因素以外，还要认真分析人们对建筑空间在视觉上和精神上的要求。一般情况是面积大的房间高度应高一些，面积小的房间则可适当降低。

高而窄的空间易使人产生兴奋、激昂、向上的情绪，且具有严肃感，过高就会使人觉得不亲切；宽而矮的空间使人感觉宁静、开阔、亲切，但过低又会使人产生压抑、沉闷的感觉（图 2.4.20）。

图 2.4.20　房间的净高与室内空间的关系

在空间比例的要求上，一般民用建筑的空间比例，高宽比在 1∶1.5 ～ 1∶3 之间较合适。

处理房间空间比例时，在不增加房间高度的情况下，可以借助以下手法来获得理想的空间效果。利用窗户的不同处理来调节空间的比例感，细而长的窗户使人感觉要高些，宽而扁的窗户则感觉房间低一些；运用以低衬高的对比手法，将次要房间的顶棚降低，从而使主要空间显得更加高大，次要空间则亲切宜人。

（3）建筑设计规范中对常见房间高度的规定。

1）住宅：层高不应高于 2.8m，卧室和起居室的净高不应低于 2.4m，厨房、卫生间的净高不应低于 2.2m。

2）中小学校：小学教室的净高不应低于 3.1m，中学教室的净高不应低于 3.4m，实验室的净高不应低于 3.4m，合班教室的净高不应低于 3.6m，办公用房的净高不应低于 2.8m。

3）宿舍：采用单层床时，居室层高不应高于 2.8m，净高不应低于 2.5m；采用双层床时，层高不应高于 3.3m，净高不应低于 3m。

模块 2 · 建筑设计分项学习

4) 办公楼。根据办公建筑分类，办公室的净高应满足：一类不应低于2.7m，二类不应低于2.6m，三类不应低于2.5m。

5) 旅馆：客房居住部分的净高不应低于2.6m，有空调的办公室净高不应低于2.4m，卫生间及客房内走道净高不应低于2.1m。

6) 医院。诊室净高不应低于2.6m，病房净高不应低于2.8m。

**6.门窗洞口竖向尺寸设计**

(1) 窗台高度。窗台的高度主要根据房间使用要求、人体尺度和家具设备的高度来确定。对于一般民用建筑中的生活、工作、学习用房间窗台高度可稍高于桌面高度(780～800mm)，且低于人坐的视平线高度(1100～1200mm)，所以窗台高度一般取900mm或1000mm。

对于托儿所、幼儿园中的儿童用房结合儿童身体尺度和较矮小的家具，窗台高度一般采用600mm。有遮挡视线要求的房间，如在走廊两侧的浴室、厕所等的窗台高度可以可采用1800mm。开向公共走道的窗户，其窗台高度应保证窗扇开启后，窗扇地面高度不应低于2000mm。展览陈列室等，往往需要沿墙布置陈列品，为了消除和减少眩光，常设高侧窗或天窗窗台。为满足窗台到陈列品的距离大于14°保护角的要求，窗台高度常提高到距地面2500mm以上。为便于观赏室外风景或丰富建筑空间，也可降低窗台高度或采用落地窗。临空的窗台高度低于800mm时，应采取防护措施，防护高度由楼地面起计算不应低于800mm。住宅窗台低于900mm时，应采取防护措施(图2.4.21)。

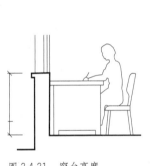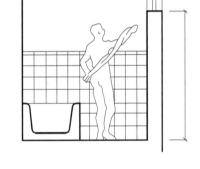

图2.4.21　窗台高度

(2) 窗洞上缘高度。即窗顶高度，对室内的采光产生影响，故常将窗顶标高定在圈梁或过梁下面(图2.4.22)。

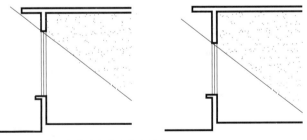

图2.4.22　窗顶高度对室内采光的影响

(3) 门的高度。门的高度应根据人流通行和家具设备搬运的要求、通风和采光要求以及比例关系来确定。门的通行高度是指门的洞口高度，宜采用3M模数数列，门顶不设亮子时，门高常用2.1m和2.4m，当门顶设亮子时，门高常用2.4m和2.7m。门的净高即是门的通行高度通常等于门窗高度。门净高一般不小于2m。体育馆或运动员经常出入的门扇净高不应低于 2.2m。建筑物对外出入口的门高及有高大设备出入的房间门的高度，可相应的加大。

（4）雨篷高度。雨篷是在建筑物入口处和顶层阳台上部用以遮挡雨水和保护外门免受雨水浸蚀的水平构件。设于建筑入口处的雨篷标高宜高于门洞标高 200mm 左右。

### 2.4.2.2 建筑单体的剖面设计

#### 1. 室内外高差的设计

建筑物底层出入口处应采取措施防止室外地面雨水回流造成墙身受潮，从而保证室内地面的干燥。一般是在室内外地面之间设置一定的高差。

室内地面高差值应根据通行要求、防水防潮要求、建筑物沉降量、建筑物使用性质、建筑标准、地形条件等综合确定。一般民用建筑的室内外地面高差数值一般为 150 ～ 600mm。高差过大，室内外联系不便，建筑造价提高；高差过小，不利于建筑的防水防潮。

例如仓库、车库等为便于运输常设置坡道，其室内外地面高差以不超过 300mm 为宜，常设置 150mm。而一些大型公共建筑或纪念性建筑，常加大室内外地面高差，采用高的台基和较多的踏步处理，以增加建筑物庄严、肃穆、雄伟的气氛。位于山地和坡地的建筑物，应结合地形起伏变化和室外道理布置等因素综合确定室内外地面标高。

《住宅设计规范》（GB 50096—2011）第 4.1.4 条规定：入口处地坪与室外地面应有高差，并不应小于 0.10m。

《建筑地面设计规范》（GB 50037—1996）第 6.0.1 条规定：建筑物的底层地面标高，应高出室外地面 150mm，当有生产、使用的特殊要求或建筑物预期较大沉降量等其他原因时，可适当增加室内外高差。

《老年人建筑设计规范》（JGJ 122—1999）第 4.2.3 条规定：老年人建筑出入口门前平台与室外地面高差不宜大于 0.40m，并应采取缓坡台阶和坡道过渡船。

《工业企业总平面设计规范》（GB 50187—2012）第 6.2.4 条规定：建筑物的室内地坪标高，应高出室外场地地面设计标高，且不应小于 0.15m。建筑物位于可能沉陷的地段、排水条件不良地段和有特殊防潮要求、有贵重设备或受淹后损失大的车间和仓库，应根据需要加大建筑物的室内外高差。

在建筑设计中，一般以底层室内地面相对标高为 ±0.000，高于底层室内地坪为正值，低于它的为负值。

#### 2. 室内地面高差的设计

同一单体建筑内，各层房间的地面标高应尽量取得一致，使行走比较方便。对于一些易于积水或需要经常冲洗的房间，如浴室、厕所、厨房、外阳台及外走廊等，其地面标高应比其他房间的地面标高低 20 ～ 50mm，以防积水外溢而影响其他房间的正常使用。

#### 3. 建筑层数和总高度的确定

确定建筑物的层数和总高度时，应综合考虑各方面的因素。通常根据建筑物的使用要求、基地环境与城市规划要求、经济技术条件、建筑防火等要求来确定。

（1）建筑物的使用要求。各种类型的建筑，由于功能和使用对象不同，对建筑层数和高度有不同的要求。例如使用对象为幼儿、老人、病人的建筑，层数以不超过三层为宜；

住宅、办公楼、旅馆等多为高层建筑；影剧院、体育馆等一类公共建筑的面积和高度较大，人流集中，为迅速而安全地进行疏散，宜建成低层。

（2）基地环境和城市规划的要求。任何建筑都要处在一定的环境之中，建筑物的层数也必然受到基地环境的影响，特别是位于城市主干道两侧、广场周围、风景区和历史建筑保护区的建筑。确定建筑物的层数时，应考虑基地大小、地形、地貌、地质等条件，并使之与周围的建筑物、道路交通等环境协调一致。另外，城市规划部门从城市面貌、城市用地等方面考虑，对不同地段的建筑物层数会提出具体要求，确定建筑物的层数时，应符合这些要求。

（3）建筑结构、材料及施工的要求。建筑物采用的结构型式和材料不同，适合建造的层数也有所不同。例如木结构只适于一层、二层建筑；砖墙承重结构宜建多层；钢筋混凝土框架结构、剪力墙结构、框架剪力墙结构和筒体结构等结构体系适用于高层和超高层建筑，也适合于主要由较大空间组成的多层和低层建筑；钢结构宜建大跨度或高层、超高层；网架、悬索、薄壳、折板等空间结构体系适用于低层大跨度建筑，如体育馆、影剧院等建筑。

另外，建筑施工技术水平、施工吊装能力等对建筑物的层数也有一定影响。

（4）建筑防火的要求。按照《建筑设计防火规范》（GB 50016—2006）的规定，建筑物的层数应根据不同建筑的耐火等级来决定。如一级、二级耐火等级的民用建筑物，原则上层数不受限制；三级耐火等级的建筑物，允许层数为 1～5 层；四级耐火等级的建筑物，仅允许建造 1～2 层。

（5）建筑经济的要求。建筑物的造价及用地、与层数有密切关系，5～6 层砖混结构的建筑最经济。从节省用地的角度考虑，层数宜多一些。同样面积的一幢五层房屋和五幢单层平房的用地比较，在保证日照间距的条件下，后者的用地面积显然比前者要大的多。但层数增多到一定限度时，会因结构型式的变化及电梯、管道设备等公共设置费用的增加而提高房屋造价。因此，确定建筑物的层数时，应考虑房屋造价和用地情况的综合经济效果。多层建筑物因为层数不同，土建造价比相对不同，若一层建筑造价比 100%，则二层为 90%，三层为 84%，四层为 80%，五层、六层为 85%，从而看出四层的多层建筑物造价最低。综合土建造价与建筑用地，一般五层、六层砖混结构的房屋造价是比较经济的。

**4. 屋顶的剖面设计**

（1）屋顶的作用。屋顶是建筑物最上层起覆盖作用的外围护构件，同时也是建筑物最上层的水平受力构件。作为外围护构件，屋顶的作用是抵御自然界的风霜雪雨、太阳辐射、气候变化和其他外界的不利因素，使屋顶覆盖下的空间有一个良好的使用环境。作为承重构件，屋顶的作用是承受建筑物顶部的荷载并将这些荷载传给下部的承重构件，同时还起着对房屋上部的水平支撑作用。

（2）屋顶的类型。屋顶的类型很多，大体可以分为平屋顶、坡屋顶和其他形式的屋顶（图 2.4.23）。

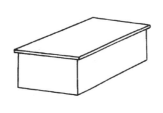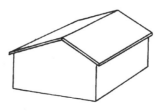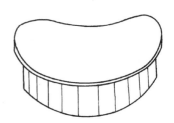

图 2.4.23 屋顶的类型

1）平屋顶。平屋顶通常是指屋面坡度小于5%的屋顶，常用坡度为2%～3%。平屋顶通常根据屋面的排水方式不同，又分为不同的形式。

如图2.4.24所示无组织排水方式下的挑檐式平屋顶，这种屋顶形式比较简单，落水时将沿檐口形成水帘，雨水四溅，危害墙身和环境，因此只适用于年降水量较小、房屋较矮以及次要的建筑中。

图2.4.25表示几种有组织排水方式的平屋顶。

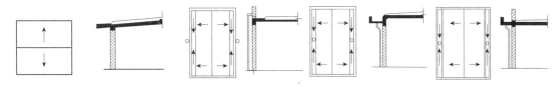

图2.4.24 无组织排水的屋顶　　　　图2.4.25 有组织排水的屋顶

2）坡屋顶。坡屋顶是一种我国传统建筑中常用的屋面形式，种类繁多，屋面坡度根据材料的不同可取10%～50%，根据坡面组织的不同，坡屋顶形式主要有单坡、双坡及四坡等（图2.4.26）。

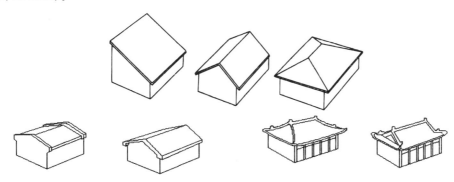

图2.4.26 坡屋顶的类型

3）其他类型屋顶。随着建筑科学技术的发展，出现了许多新型结构的屋顶，如拱屋顶、折板屋顶、薄壳屋顶、悬索屋顶等。这些屋顶的结构形式独特，使得建筑物的造型更加丰富多彩。

（3）屋顶的剖面设计。屋顶的剖面设计主要满足三个原则。

第一，屋顶的形式与建筑功能有直接联系。

第二，满足造型需要。选择平屋顶形式还是坡屋顶形式，直接影响到建筑的外观造型。不同屋顶有不同的风格，能给人不同的感觉。建筑形式往往不是简单的建筑功能的反映，人们应该站在艺术和审美观点的角度去对建筑形式进行创造。

第三，坡屋顶需要符合《民用建筑设计通则》（GB 50352—2005）中根据屋面材料的类别不同而规定的2%～50%的不同的排水坡度要求。相同条件下，屋面坡度越大，屋脊越高，屋面排水越顺畅，屋顶面积越大，室内空间利用率越高，但施工难度加大，造价相应也越高；相反，坡度越小，屋顶面积越小，排水越缓。

**5. 楼梯的剖面设计（图2.4.27）**

（1）基本知识。楼梯主要由梯段、平台和栏杆扶手三部分

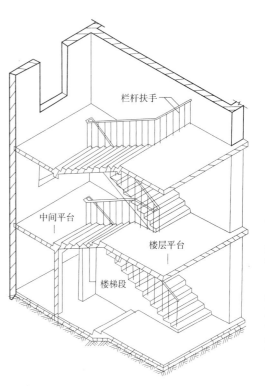

栏杆扶手

中间平台

楼层平台

楼梯段

图2.4.27 楼梯的剖面图

组成。按楼层间梯段的数量和形式不同，楼梯有多种形式，直跑楼梯、双跑平行楼梯、转角楼梯、弧形楼梯等。

楼梯坡度不宜过大或过小，坡度过大，行走易疲劳，坡度过小，楼梯占用空间大。舒适的坡度为 26°34′ 左右，即高宽比为 1/2。

楼梯的踏步尺寸决定了楼梯的坡度，踏步尺寸包括踏步宽度和踏步高度。踏步高度不宜大于 210mm，并不宜小于 140mm，各级踏步高度均应相同，一般常用 140 ~ 180mm。踏步宽度应与成人的脚长相适应，一般不宜小于 250mm，常用 250 ~ 320mm。不同功能的建筑的踏步尺寸的选择见表 2.4.1。

计算踏步尺寸常用的经验公式为

$$2h+b=600 ~ 620mm$$

式中　$h$——踏步高度；

　　　$b$——踏步宽度；

600mm——人行走时的平均步距。

表 2.4.1　　　　　　　　　　一般楼梯踏步设计参考尺寸　　　　　　　　　单位：mm

| 名　称 | 住　宅 | 幼儿园 | 学校、办公楼 | 医　院 | 剧院、会堂 |
|---|---|---|---|---|---|
| 踏步高 $h$ | 150 ~ 175 | 120 ~ 150 | 140 ~ 160 | 120 ~ 150 | 120 ~ 150 |
| 踏步宽 $b$ | 260 ~ 300 | 250 ~ 280 | 280 ~ 340 | 300 ~ 350 | 300 ~ 350 |

栏杆扶手高度是指从踏步前缘至扶手上表面的垂直距离。室内楼梯栏杆扶手的高度不宜小于 900mm，通常取 1000mm。凡阳台、外廊、室内回廊、内天井、上人屋面及室外楼梯等临空处设置的防护拦杆，栏杆扶手的高度不宜小于 1050mm。高层建筑的栏杆高度应再适当提高，但不宜超过 1200mm。对幼儿来说栏杆扶手的高度不宜大于 600mm。

楼梯的净空高度包括梯段部位的净高和平台部位的净高。

梯段净高是指踏步前缘到顶棚（即顶部梯段底面）的垂直距离，梯段净高不应小于 2200mm（图 2.4.28）。

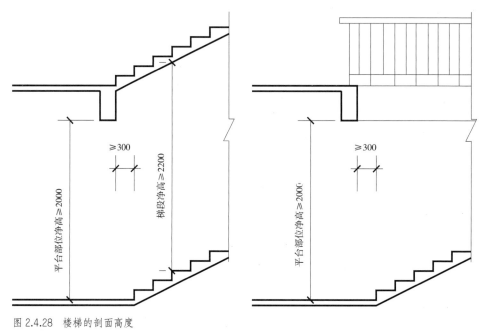

图 2.4.28　楼梯的剖面高度

（2）剖面设计。在楼梯设计中，楼梯间的层高、开间、进深为已知条件。设计步骤如下。

1）根据楼梯间的平面尺寸，选择合适的楼梯形式。通常民用建筑中常用的楼梯形式为双跑平行式楼梯。

2）根据楼梯的性质和用途，以及楼梯间的进深，选择适宜的坡度，确定踏步高（$h$）和踏步宽（$b$）。依据：$2h+b=600\sim620$mm。

3）根据房屋的层高（$H$），确定踏步数量（$n$）。计算式为：$n=H/h$。

4）确定每个楼梯段的踏步数。一个楼梯段的踏步数做少为 3 步，最多为 18 步，总数多于 18 步的应做成双跑或多跑。常用的双跑楼梯，一般两个梯段的踏步数量相等。

5）根据踏步高 $h$ 和各梯段的踏步数量，计算梯段高度，确定休息平台的标高。计算式为：梯段高度 $H_1=$ 该梯段踏步数量（$n_1$）× 踏步高度（$h$）。

6）确定梯井宽度（$B_1$），一般取 $60\sim200$mm。

7）由开间净宽度（$B$），确定楼梯间的梯段宽度（$B_2$）。

计算式为：$B_2=（B-B_1）/2$。

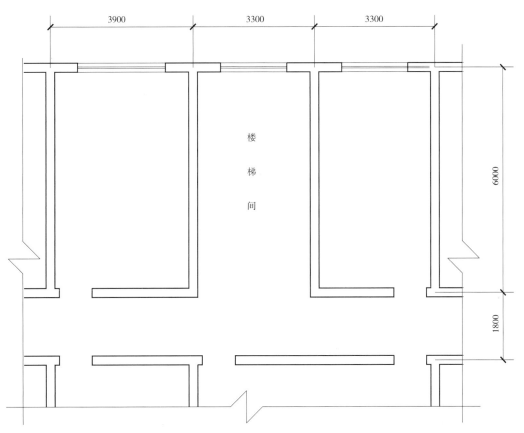

图 2.4.29　楼梯间平面图

8）由确定的踏步宽（$b$）及踏步数量（$n_1$），计算楼梯段的水平长度（$L_1$）。计算式为：$L_1=（n-1）\times b$。

9）确定平台宽度 $L_2$，$L_2>B_2$。

（3）实例讲解。

某内廊式综合楼的层高为 3.60m，楼梯间的开间为 3.30m，进深为 6m，室内外地面高差为 450mm，墙厚为 240mm，轴线居中，试设计该楼梯（楼梯间平面图见图 2.4.29）。

1）选择楼梯形式。对于开间为 3.30m，进深为 6m 的楼梯间，适合选用双跑平行楼梯。

2）确定踏步尺寸。作为公共建筑的楼梯，初步选取踏步宽度 $b=300$mm，由经验公式 $2h+b=600$mm 求得踏步高度 $h=150$mm，初步取 $h=150$mm。

3）确定踏步数量（$n$）。$n=H/h=3600/150=24$（级）。

4）确定每个楼梯段的踏步数：各层两梯段采用等跑，则各层两个梯段踏步数量为：$n_1=n_2=24/2=12$（级）。

5）计算梯段高度：$H_1=H_2=n \times h=12 \times 150=1800$mm。

6）确定梯井宽度（$B_1$）。取梯井宽为 160mm。

7）根据楼梯间净宽及梯井宽度，确定梯段宽度（$B_2$）。楼梯间净宽 $B=3300-2 \times 120=3060$mm，则梯段宽度为：$B_2=(B-B_1)/2=(3060-160)/2=1450$mm。

8）确定梯段的水平长度（$L_1$）。等跑楼梯两个梯段长度相等，即 $L_1=(n-1) \times b=(12-1) \times 300=3300$mm。

9）确定平台宽度 $L_2$，$L_2 \geqslant B_2$，取 $L_2=1600$。

10）校核。$6000-1600-3300=1100$，计算出楼层平台的宽度。

图 2.4.30 所示为楼梯剖面图及底层平面图。

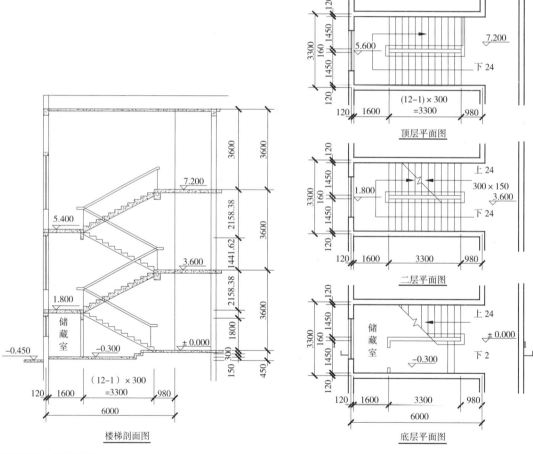

图 2.4.30　楼梯详图

### 2.4.2.3　建筑空间的剖面组合设计

#### 1. 建筑空间剖面组合

（1）相同层高的房间之间的组合。相同层高的房间使用性质相同或相近，可以组合在同一层并逐层向上叠加，这种剖面组合有利于结构布置且便于施工（图 2.4.31）。

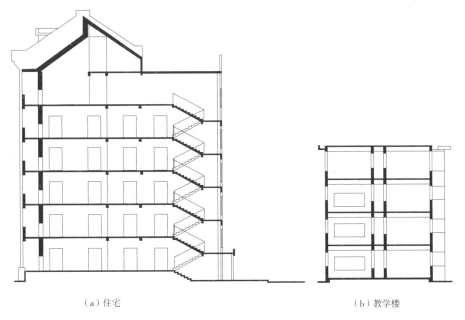

（a）住宅　　　　　　　　　　　　（b）教学楼

图2.4.31　多层建筑叠加组合

（2）层高不同的房间之间的组合。

1）层高相差不大的房间之间的组合。当房间的层高差别不大，为了保证房间相互之间联系方便以及使结构简单、施工方便等要求，可以将房间的层高调整到相同高度，组合在同一层；也可采用不同的层高，但要保持相互间的联系，解决好高差问题（图2.4.32）。

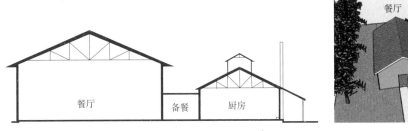

图2.4.32　食堂各部分高度不同的剖面组合

2）层高相差较大的房间之间的组合。在多层和高层建筑中，对于高度相差较大的房间，在进行空间组合时，可根据不同高度房间的数量多少和使用性质，尽可能地安排在不同的楼层上，各层之间采用不同的层高（图2.4.33）；也可以将少量面积较大且层高较高的房间设置在顶层或作为单独的裙房，附设于主体建筑旁，或用廊子与主体建筑连接。

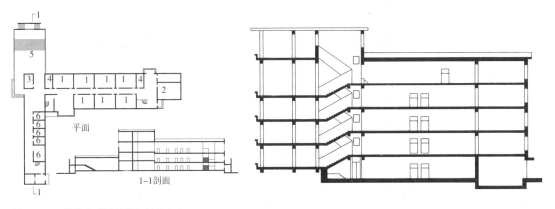

图2.4.33　教学楼不同层高的剖面组合
1—教室；2—阅览室；3—储藏室；4—厕所；5—阶梯教室；6—办公室

对于单层建筑，高度相差较大的房间之间，可按各自的高度进行组合。

## 2. 建筑空间利用

建筑空间的利用是指在建筑占地面积和平面布局基本不变且不影响正常使用的条件下，充分利用建筑物内部的空间来扩大使用面积。建筑室内空间的合理利用，不仅可以增加使用面积，而且可以起到改善室内空间比例、丰富室内空间内容的效果。利用室内空间的处理手法主要有以下几种。

（1）交通联系空间的利用。

1）楼梯间的利用。当楼梯间底层不作出入口时，楼梯中间平台下的空间可布置储藏室或厕所等辅助房间，住宅内常布置家具或水池绿化，以美化室内环境。楼梯间顶层中间平台以上有约一层半的空间高度，在不影响通行的前提下，可局部设置储藏室等辅助房间，应注意梯段与储藏室的净高应大于 2.2m（图 2.4.34）。

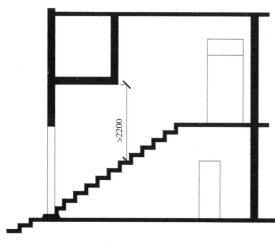

图 2.4.34　楼梯间的利用

2）走道上部空间的利用。走道是供人们通行而停留较少的地方，且宽度不大，因此所需空间高度也不大。在公共建筑中可利用走道上部的空间布置通风管道和照明管线，在居住建筑中可利用走道上部空间布置吊柜等储藏设施，增加生活储藏面积。这样，既能使空间得以充分利用，又能获得较好的空间比例，如图 2.4.35 所示为走道空间的利用。

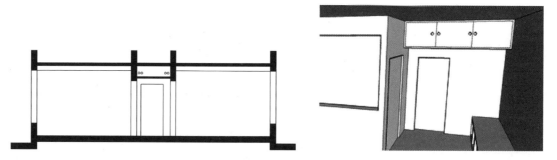

图 2.4.35　走道空间的利用

（2）房间内部空间的利用（图 2.4.36）。在居住建筑内，由于储藏空间的需求较大，经常有效利用以下空间。

储物空间

图 2.4.36　房间内部空间的利用

1）居室中设置吊柜、壁柜、搁板等，可储存衣物、被褥及日用杂物。

2）厨房中设置吊柜、壁龛和低柜等，存粮食、餐具等。

3）坡屋顶的山尖部分的空间，可以作为卧室或储藏室。

（3）夹层空间的利用。在有些公共建筑中，主要使用空间与辅助使用空间在面积和层高上相差悬殊，为此常采用在主要使用空间内局部设夹层的方式来布置辅助使用空间（图2.4.37）。

图 2.4.37　夹层空间的利用

例如，图书馆的阅览室内设置夹层来布置开架书库，以增加开架书库的使用面积；工业建筑常利用周边夹层做办公用房。

（4）结构空间的利用。可充分利用墙体、角柱等结构，设置壁龛、暖气槽、窗台柜、书架等（图2.4.38）。

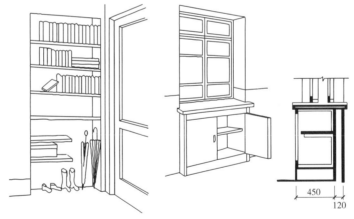

图 2.4.38　结构空间的利用

## 2.4.3　案例学习

建筑剖面反映了建筑的结构形式和竖向空间构成，是建筑空间三维表达不可缺少的图纸内容。不同的建筑类型和结构形式，有不同的剖面特征和表达形式。作为初学者，我们先从常见的建筑剖面形式着手，循序渐进，学习建筑剖面设计及表达技术。

### 2.4.3.1　案例1　某小学风雨操场剖面设计

风雨操场剖面图见图2.4.39。风雨操场宜设室内活动场、体育器材室、教师办公室及男、女更衣室等附属用房。

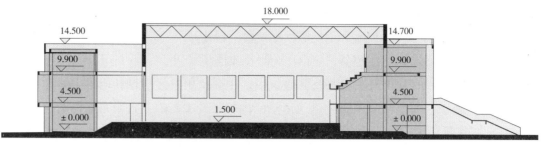

图 2.4.39　风雨操场剖面图

室内活动场的类型应根据学校的规模及条件确定，并宜满足表 2.4.2 的规定。

表 2.4.2　　　　　　　　　　　　　　　　室内活动场的类型

| 项目<br>类型 | 面积（m²） | 净高（m） | 使用说明 | |
| --- | --- | --- | --- | --- |
| | | | 小学 | 中学 中师 幼师 |
| 小型 | 360 | 不低于 6.0 | 容 1～2 班 | — |
| 中型（甲） | 650 | 不低于 7.0 | — | 容 1～2 班 |
| 中型（乙） | 760 | 不低于 8.0 | — | 容 2～3 班 |
| 大型 | 1000 | 不低于 8.0 | — | 容 3～4 班 |

风雨操场室内空间的高度需要满足观众视觉要求、灯光设计要求、室内空调送风要求、消防要求，同时还应该经济合理。因此，结合建筑造型的变化，屋面曲线与比赛场地和看台升起的趋势变化相一致，达到形式和功能在逻辑上的一致性，使得屋面恰如其分地满足了各部分的净空要求，也在空间高度上经济合理，压缩了不必要的空间。建筑的外在形态就是内部功能的直接反映，做到了建筑与结构、功能与形态的和谐统一。规范中规定，室内活动场窗台高度不宜低于 2100mm。

### 2.4.3.2　案例 2　某坡屋顶别墅剖面设计

别墅剖面图见图 2.4.40 别墅建筑实施《住宅建筑设计规范》（GB 50096—2011），规范中规定普通住宅层高不宜高于 2.80m，不仅是控制投资的问题，更重要的是为住宅节地、节能、节材、节约资源。别墅建筑层高可以适当增加，但不宜超过 3m。

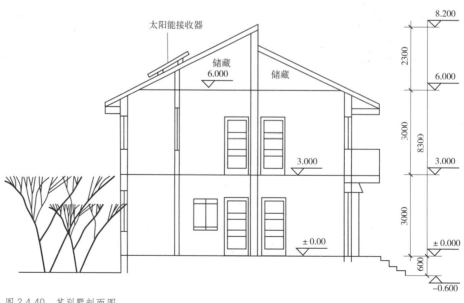

图 2.4.40　某别墅剖面图

卧室和起居室（厅）是住宅套内活动最频繁的空间，也是大型家具集中的场所，室内净高不应低于 2.40m，局部净高不应低于 2.10m，且其面积不应大于室内使用面积的 1/3。利用坡屋顶内空间作卧室、起居室（厅）时，其 1/2 面积的室内净高不应低于 2.10 m。

厨房、卫生间的室内净高不应低于 2.20 m。

低层、多层住宅的阳台栏杆净高不应低于 1.05 m；中高层、高层住宅的阳台栏杆净高不应低于 1.10 m。

外窗窗台距楼面、地面的高度低于 0.90 m 时，应有防护措施，窗外有阳台或平台时可不受此限制。

外廊、内天井及上人屋面等临空处栏杆净高，低层、多层住宅不应低于 1.05 m，中高层、高层住宅不应低于 1.10 m，设置电梯的住宅公共出入口，当有高差时，应设轮椅坡道和扶手。

地下室、半地下室作储藏间、自行车库和设备用房使用时，其净高不宜低于 2 m；当作汽车库时，应符合现行行业标准《汽车库建筑设计规范》（JGJ 100—1998）的有关规定。

利用坡屋顶内空间时，顶板下表面与楼面的净高低于 1.20m 的空间不计算使用面积；净高在 1.20 ～ 2.10m 的空间按 1/2 计算使用面积；净高超过 2.10m 的空间全部计入使用面积。

### 2.4.3.3 案例 3 某教学楼剖面设计

《中小学校建筑设计规范》（GB 50099—2011）中规定，小学教学楼不应超过 4 层；中学、中师、幼师教学楼不应超过 5 层。主要房间的净高，应符合表 2.4.3 的规定。

表 2.4.3　　　　　　　　　　　　　中小学校房间的净高设计

| 房间名称 | 净高（m） |
|---|---|
| 小学教室 | 3.10 |
| 中学、中师、幼师教室 | 3.40 |
| 实验室 | 3.40 |
| 舞蹈教室 | 4.50 |
| 教学辅助用房 | 3.10 |
| 办公及服务用房 | 2.80 |

合班教室的净高根据跨度决定，但不应低于 3.6m。设双层床的学生宿舍，其净高不应低于 3m。

演示室应采用阶梯式楼地面，设计视点应定在教师演示台面中心。每排座位的视线升高值宜为 120mm（图 2.4.41）。

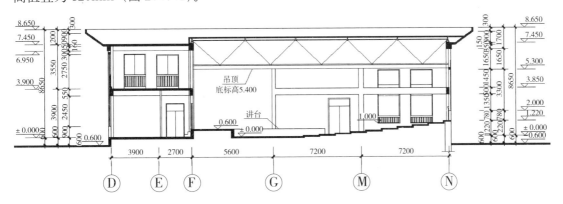

图 2.4.41　某多媒体教室剖面图

教室、实验室的窗台高度不宜低于800mm，并不宜高于1000mm（图2.4.42）。

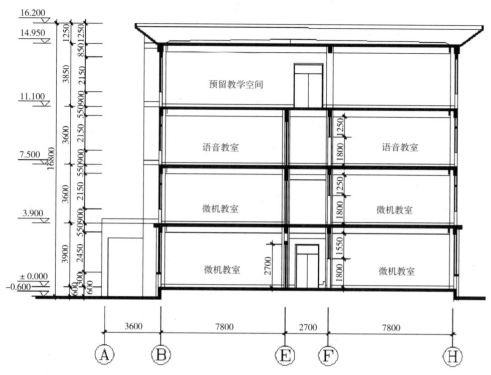

图 2.4.42 某教学楼剖面图

## 2.4.4 实训项目

已知某幼儿园建筑单体的平面图，请根据规范规定及各项要求进行1-1剖面设计。平面图为图2.4.43～图2.4.45。

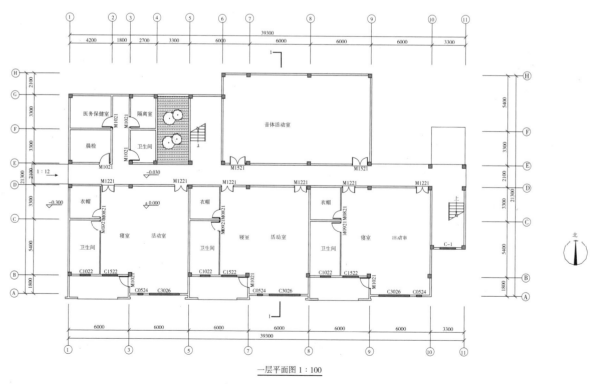

一层平面图 1:100

图 2.4.43 一层平面图

二层平面图1：100

图 2.4.44　二层平面图

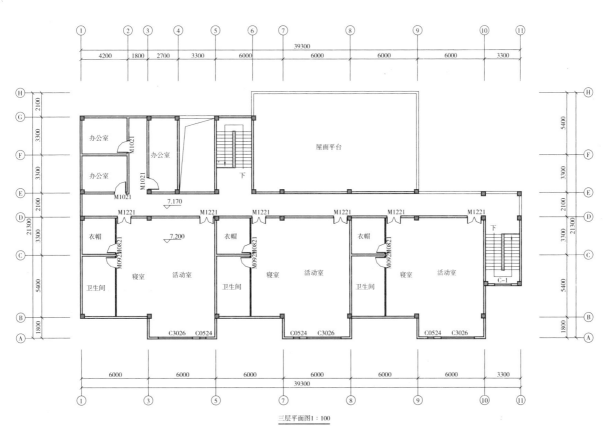

三层平面图1：100

图 2.4.45　三层平面图

# ARCHITECTURAL DESIGN
## BASIS
### Chapter 3

模块3

# 建筑设计方案表达——文本设计

**学习目标**

了解建筑方案设计表达的几种常见手法，熟悉构图法则，熟悉建筑文本的内容，掌握文本制作的技巧和方法。

## 3.1 文本包含的内容及要求

一套完整的文本一般包含封面、封底、方案设计说明及指标明细表、现状分析图及照片、规划总平面图、规划平面定位图、竖向定位图、日照分析图、建筑设计方案平面图、建筑设计方案立面图、建筑设计方案剖面图、效果图和设计光盘等内容。文本内容应该满足以下要求。

### 3.1.1 封面

建筑设计方案文本设计中，封面是一个重要的设计环节。封面是建筑设计文本的门面，既要符合版面设计构图的相关原则，满足视觉上的美感，又要通过艺术形象设计的形式来反映文本的内容。封面必须注明建设项目、建设单位、设计单位、方案完成日期等必需的内容。并在封面加盖建设单位公章及设计单位资质章。

### 3.1.2 方案设计说明及指标明细表

方案设计说明书安排在所有图纸内容的首页位置，用文字或表格方式介绍工程概况，按照规划、建筑、绿化、供电、供水、排水、电讯、人防、消防、环保、暖通、节能等顺序。指标明细表需按照申报的建筑设计方案实际设计面积进行核算。

### 3.1.3 分析图及照片

建筑方案设计文本中的分析图一般包括功能分析、交通流线分析、产品形态分析、日照分析、景观节点分析，还有消防分析。

（1）功能分析，主要用于表达建筑的功能分区，通常是用不同色块表示。

（2）交通流线分析，主要用于表达人流关系，比如公共建筑内的办公人员与外来人员的两种不同流线关系，多用带箭头的虚线表示，如果是群体建筑，会加上人流车流这些关系，车流可分为内部车流和外部车流等。

（3）产品形态分析，多用于住宅小区，分高层多层，通常也是用不同色块表示。

（4）日照分析，主要是分析建筑大寒日采光时间，用于考证建筑间距是否合理，通常用专业软件如天正日照做完分析后，用 Photoshop 软件处理一下。日照分析图必须提供拟建项目建设前的周边现状建筑日照分析图和拟建项目建成后项目内部及对周边产生日照影响的分析图；必须使用经建设部批准的日照分析软件并由相关专业人员做出的日照分析图纸，必须加盖设计单位资质章并由设计人员签字；图纸上必须注明因特殊原因造成遮阴的理由并明确注明分析结论。

（5）景观节点分析，可以提高建筑设计的有利点，广场、绿地、雕塑都可作为景观节点，一般用虚线圈表示。

（6）消防分析，就是表示消防登高面及消防通道。分析图中必须标明建设用地现状自然地形地貌、道路、绿化、工程管线及各类用地内建筑的范围、性质、层数、质量、单位名称；标明用地界线、各类规划控制线；在用地现状地形图的基础上，用不同色彩标明用地周边潜在利害关系建筑位置、层数等；现状照片必须如实反映周边建筑物及构筑物的色彩、体型、体量、风格特点等。

### 3.1.4　规划总平面图

规划总平面图必须如实反映地块周边的现状情况，标明规划范围及各类规划控制线；标明规划建筑性质分类，各类建筑位置、层数、间距系数，建筑退让各类规划控制线的距离，道路名称、道路宽度，市政和公共交通设施以及场站点，机动车停车场位置；确定主、次要出入口方向、位置，标明出入口与城市道路交叉口距离；标明室内外坪标高及参照点，室外地坪须用绝对高程。注明建筑物的高度，以此作为日照分析的依据；确定地下设施范围、地下设施出入口；附具用地平衡表、技术经济指标以及公建一览表，指标内容必须严格按照国家规定详细标明，配套公共设施必须在图中定性、定量、定位。

必须具备规划平面定位图和竖向定位图，明确法定用地边界线，并在图纸上标明；详细、准确地标明建筑尺寸、高度、间距，与现状建构筑物的间距，与道路中心线、红线、用地边界线的距离等；图中拟建建筑应标注其外包尺寸（含外保温做法），与文本中建筑单体平面尺寸相符，且满足规划尺寸要求；拟建建筑必须进行坐标定位，附具建筑物角点坐标。

处理好建筑与室外场地、周边道路的竖向关系，结合地块现状和周边道路标高进行竖向设计，作为日照分析的依据。

### 3.1.5　建筑设计方案平面图

建筑设计方案平面图，必须包含各建筑地下室各层平面图、地面一层、二层……标准层、顶层、屋顶平面图，平面图需标注轴线尺寸及墙体厚度，总尺寸及凹、凸外轮廓尺寸，并标明每层面积。

### 3.1.6　建筑设计方案立面图

建筑设计方案立面图，必须按不同立面形式标明各建筑物高度、色彩、尺寸、建筑装饰材料等。建筑高度不应高于日照分析报告中分析高度，建筑高度按室外地面至屋面女儿墙顶或坡屋面檐口的高度计算。

### 3.1.7　建筑设计方案剖面图

建筑设计方案剖面图，必须按不同剖面形式标明各建筑物高度、色彩、尺寸、建筑装饰材料等。

### 3.1.8　效果图

效果图包括规划设计方案的鸟瞰图、建筑单体效果图、沿重要街道的沿街效果图、规划平面节点效果图、主要出入口效果图等；方案至少为两个，必须与现状真实情况相符并反映出与现状周边环境之间的关系；图纸必须附注简要的设计说明（说明风格、高度、体型体量等）。

### 3.1.9　电子光盘（1 张）

要求：内容包括建筑设计所有 cad、jpg 格式文件，必须与报审的文本内容相一致。图中应用 PL 线绘出建筑外轮廓线及面积计算线。

注意：文本中除必需的建筑设计相关图纸外，必须增加经规划局审定的总平面图、平面定位图、竖向定位图、日照分析图等图纸；建筑设计说明中必须包括建筑节能章节；必须按照国家要求由设计人员签字并加盖设计单位公章及设计资质章；所报建筑方案文本必须包含两个以上不同的单体方案，文本采用 A3 图幅，平面定位图、日照分析图如需要可用 A1 图幅折叠进行装订。

## 3.2　文本页面构图基本知识

### 3.2.1　构图原则

构图是艺术家为了表现一定的思想、意境、情感，在一定的空间范围内，运用审美的原则安排和处理形象、符号的位置关系，使其组成有说服力的艺术整体。中国画论里称之为"经营位置"、"章法"、"布局"等，都是指构图。其中"布局"这个提法比较妥当。因为"构图"略含平面的意思，而"布局"的"局"则是泛指一定范围内的一个整体，"布"就是对这个整体的安排、布置。因此，构图必须要从整个局面出发，最终也是企求达到整个局面符合表达意图的协调统一。

### 3.2.2　构图技巧

平面设计中 6 种常用的构图技巧包括：对称和平衡、重复和群化、节奏和韵律、对比和变化、调和和统一、破规和变异。

**1. 对称和平衡**

对称和平衡是设计中最基本的形式，在设计中可灵活地应用，以达到自己所想要的效果。

对称的形态在视觉上有自然、安定、均匀、协调、整齐、典雅、庄重的朴素美感，很符合人们的视觉习惯。对称图形由于过于完美，缺少变化，会给人一种呆滞、单调的感觉。

平衡相对于对称具有更为丰富的形态。当画面的对称关系被打破时，可调整力的重心使画面达到力的平衡。

力的平衡可分为以下三种情况。

（1）当两个事物相同时，力的重心位于两个事物中间位置，形成了绝对的平衡关系。我们也称这种绝对的平衡关系为对称。

（2）当两个事物量感达到平衡时，形象上可有所差别。

（3）当两个事物量感不同时，可调节力的重心使之达到平衡。

## 2.重复和群化

重复是指相同或近似的形象反复排列，它的特征就是形象的连续性。任何事物的发展，都具有一种秩序性。这种秩序性反映在视觉中，便产生一种秩序美。人们把这种秩序性加以集中和夸张，便更加突出其美的功能。

重复的形式在生活中也常常得到应用，例如军事检阅中的方队表演，每行的人数相等、服装一致、动作整齐，给人一种井然有序的美感。

重复排列是指同一基本形按一定方向，连续地并置排列，具有很强的秩序美感，但却容易造成画面的单调性。

在形象构成上，打破其横竖重复的排列格式，组成具有独立存在的完整图形，便可成为各种标志、符号类的设计作品，这种表现形式，可称为"群化"，这是一种特殊的重复形式。群化不像重复那样在上下、左右均可持续发展，而是具有显著的独立存在的性质。

## 3.节奏和韵律

节奏和韵律指的是同一图案在一定的变化规律中重复出现所产生的运动感。由于节奏和韵律有一定的秩序美感，所以在生活中得到了广泛的应用。

节奏和韵律包含在各种构成形式中，但其中最为突出的是表现在"渐变构成"和"发射构成"。渐变是指以类似的基本形或骨格，渐次地、循序渐进地逐步变化，呈现一种有阶段性的、调和的秩序。

## 4.对比和变化

在设计中，对比也起着十分重要的作用。凡是要想使某个图形突出，就必须有与其相对的图形进行比较。

有对比必然会有变化，变化是对比在画面上所产生的效果。在追求画面的对比性时，应注意不能变化过大，不然会使形象之间互相争夺，看上去眼花缭乱而失去美感。画面应该既有对比、变化，又有调和、统一。

## 5.调和和统一

调和是指画面中各个组成部分整体上达到了和谐一致，并且能给人视觉上一定的美感享受。达到调和的最基本条件，就是在作品中必须有共同的因素存在。

在版面设计中要做到调和、统一，可以利用接近的方法，将各种不同有变化的部分，产生结合感；利用连续的方法，把各种不同形态或不同色彩的图形，用一根任意形状的线不断地连接起来，从而形成一个整体；利用拼贴的方法，指将不同而复杂的造型要素，按一定规律排列起来，从视觉上得到另外一个整体而统一的形态。

## 6.破规和变异

在生活中，我们应该敢于标新立异，打破旧有成规，大胆创新，只有创新才能推动社会的发展。创新是指在旧有事物范围内，打破常规寻求变异，以取得更加吸引人的效果。

破规和变异的构成形式主要有特异构成、形象变异构成、空间构成和视觉感应构成。

特异构成的表现特征是，在普通相同性质的事物当中，有个别异质性的事物，便会立即显现出来。

形象变异构成是指对具象的变形。形象变异构成的方法有抽象法、变形法、切割法、格位变形法和空间割取及形象透叠法。

为了表达空间立体效果，可以将平行直线集中消失到灭点的方法，表现其空间感。但在平面构成中，有时却违背这些原理，造成"矛盾空间"。矛盾空间是利用人们视觉的错觉而得到的一种形式。

视觉感应构成是指画面中的形象不与画面平行，在平面中产生了立体的幻觉，也可以称为幻觉性的空间。

在设计作品中运用破规、变异形式，往往可以取得很好的视觉效果。

## 3.3 案例学习

建筑文本是建筑方案设计的综合表达。文本的设计编排牵涉到技术、美学、文学、心理学等方面的内容。一个出色的文本对方案的表达与采纳是十分重要的。做为初学者，我们先了解文本的基本内容，从无到有，从差到好，逐步提高文本设计水平。

### 3.3.1 案例1 泗洪县重岗中心小学扩建总体设计及幼儿园单体方案设计文本

（本方案文本由宿迁市新筑艺建筑设计有限公司设计师许苗磊提供）

**1. 封面（图3.3.1）**

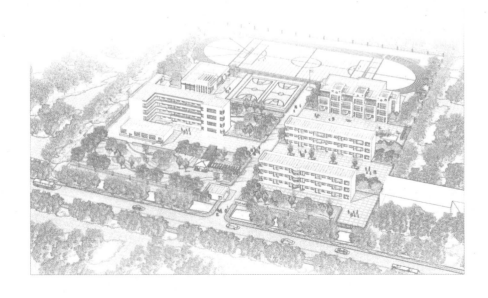

图 3.3.1 封面

2. 设计说明（图 3.3.2、图 3.3.3）

泗洪县重岗中心小学规划设计方案

泗洪县重岗中心小学校园规划说明

一、现状概述：

重岗中心小学系青阳镇下辖的一所中心小学，位于城区西北角，重岗山南麓，重岗社区境内，西与安徽泗县接壤，北接梅花镇。全社区社会人口 30000 多人。这里交通便利，环境优美，中心小学现有学生近 900 人，15 个班级，教职工 60 余人。

自布局调整和“六有”、“四配套”工程实施以来，我们重岗中心小学办学条件有了显著的改善，办学规模愈来愈大。加之几年来，学校加强校园建设，学校净化、美化、园林化，面貌焕然一新。同时加强内部管理，教育教学质量显著提高，学生全面发展，得到了学生家长的一致认可，受到社会的好评。学校以“以人为本，发掘潜能，健全人格，追求卓越”为全新的办学理念，充分发扬“服务、服从、协作、奉献”四种精神，视质量为生命，大胆改革，不断创新，学校的办学品位逐步提升。首先是办学条件得到明显改善，教学区占地 25367 平方米，拥有面积 1100 平方米的教学楼一幢，面积 1100 平方米的学生宿舍楼一幢，面积 2280 平方米的综合楼一幢，为教师、学生提供宽敞的工作、学习空间。校内花园、道路错落有致，运动场所开阔，校园文化墙以及综合楼的书苑长廊、励志长廊、诚信长廊、科技长廊新颖别致，富教育性。其次是进行特色办学：实行小班化教学，运用多媒体教学，开设英语课、电脑课、书画课，配备英语、体育、信息、书法、美术等专职教师 6 名，成立英语、音乐、书画、电脑、篮球等 10 个兴趣小组，让学生的特长得到充分的培养和发展。

重岗中心小学教师年轻化，高素质，2010 年来，30 多位教师的 100 余篇论文获国家、省、市、县级奖，5 人在市县优课评选中获奖，4 人在全县备课比赛中获奖，5 人被评为县骨干教师，4 人被评为市教学能手，2 人被评为县学科带头人。辅导的学生有 260 余名在国家、省、市、县、镇级不同项目的竞赛中获奖。

一流的师资打造一流的学校，近年来学校先后获县 A 级学校，县常规管理示范学校，县教学质量先进单位，县收费规范学校，省金钥匙竞赛先进学校，中国青少年素质发展示范基地，中国教育学会生活作文研究基地，全国优秀论文评比优秀组织奖，中国青少年读写大赛优秀组织奖等荣誉称号。

今天的重岗小学在素质教育的阳光下，正焕发出新的朝气，全校教职工团结协作、真抓实干、开拓进取，为把重岗中心小学建成一流的学校而不断奋进。

二、规划依据

（1）重岗中心小学选址地形图。
（2）《中小学校建筑设计规范》（GBJ 99—86）。
（3）国家教育部颁布的《城市普通中小学校校舍建设标准》（2007 年 7 月 1 日施行）。
（4）《建筑设计防火规范》（GB 50016—2006）[附条文说明]。

三、规划原则

（1）以人为本，占地面积、建筑面积能够满足教学需要。

图 3.3.2　设计说明（一）

泗洪县重岗中心小学规划设计方案

（2）保留原有教学楼，补足扩建一个幼儿园和小学食堂。

（3）校园达到教学、生活、运动三区分明，环境美观，功能齐全，交通便捷。

四、规划说明

1. 现状分析

（1）学校学生幼儿教学用房不足。

（2）原有校区食堂紧缺。

2. 规划设计说明

（1）功能分区：规划中将主要分为南、北两部分，北部规划为活动区，南部规划为教学生活区。

（2）绿化：入口广场设中心绿化景观区，在实验楼前设置绿化用地，在基地南侧设置集中景观绿化。

（3）交通：主入口在南侧，校园中心道路贯通学校运动区和教学生活区。

五、建筑用料说明

外墙材料：

幼儿园外墙采用高级外墙涂料。

食堂外墙采用高级外墙涂料。

图 3.3.3 设计说明（二）

110

## 3. 总体鸟瞰图（图 3.3.4）

温泉县查干屯格中心小学规划设计方案

# 4. 总平面图（图 3.3.5）

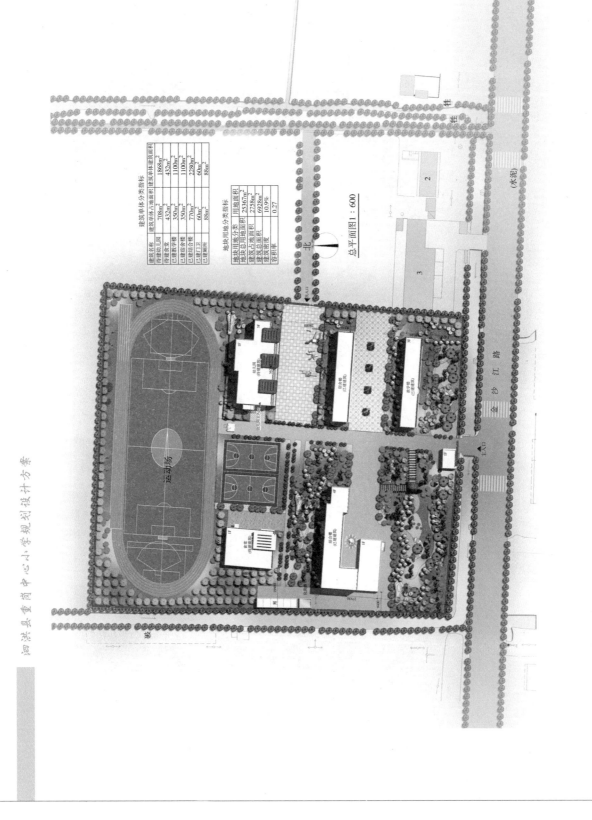

建筑单体分类指标

| 建筑名称 | 建筑单体占地面积 | 建筑单体建筑面积 |
|---|---|---|
| 待建幼儿园 | 708m² | 1868m² |
| 待建食堂 | 432m² | 432m² |
| 已建教学楼 | 350m² | 1100m² |
| 已建宿舍楼 | 350m² | 1100m² |
| 已建综合楼 | 770m² | 2280m² |
| 已建门卫 | 60m² | 60m² |
| 已建厕所 | 88m² | 88m² |

地块用地分类指标

| 地块用地分类 | 用地面积 |
|---|---|
| 地块用地分类面积 | 25367m² |
| 地块总用地面积 | 2758m² |
| 建筑占地面积 | 6928m² |
| 建筑密度 | 10.9% |
| 容积率 | 0.27 |

总平面图 1 : 600

图 3.3.5 总平面图

# 5. 幼儿园透视图（图 3.3.6）

模块3 • 建筑设计方案表达——文本设计

图 3.3.6 幼儿园透视图

勐混县重岗中心小学规划设计方案

## 6. 幼儿园立面图（图 3.3.7）

泗洪县童苗中心小学规划设计方案

建筑
设计基础

图 3.3.7　幼儿园立面图

### 3.3.2 案例 2 金太阳装饰城宿舍楼建筑方案设计文本

（本方案本文由厦门中建东北设计院有限公司设计师闫岸提供）

1. 封面（图 3.3.8）

图 3.3.8 封面

## 2. 总平面图（图 3.3.9）

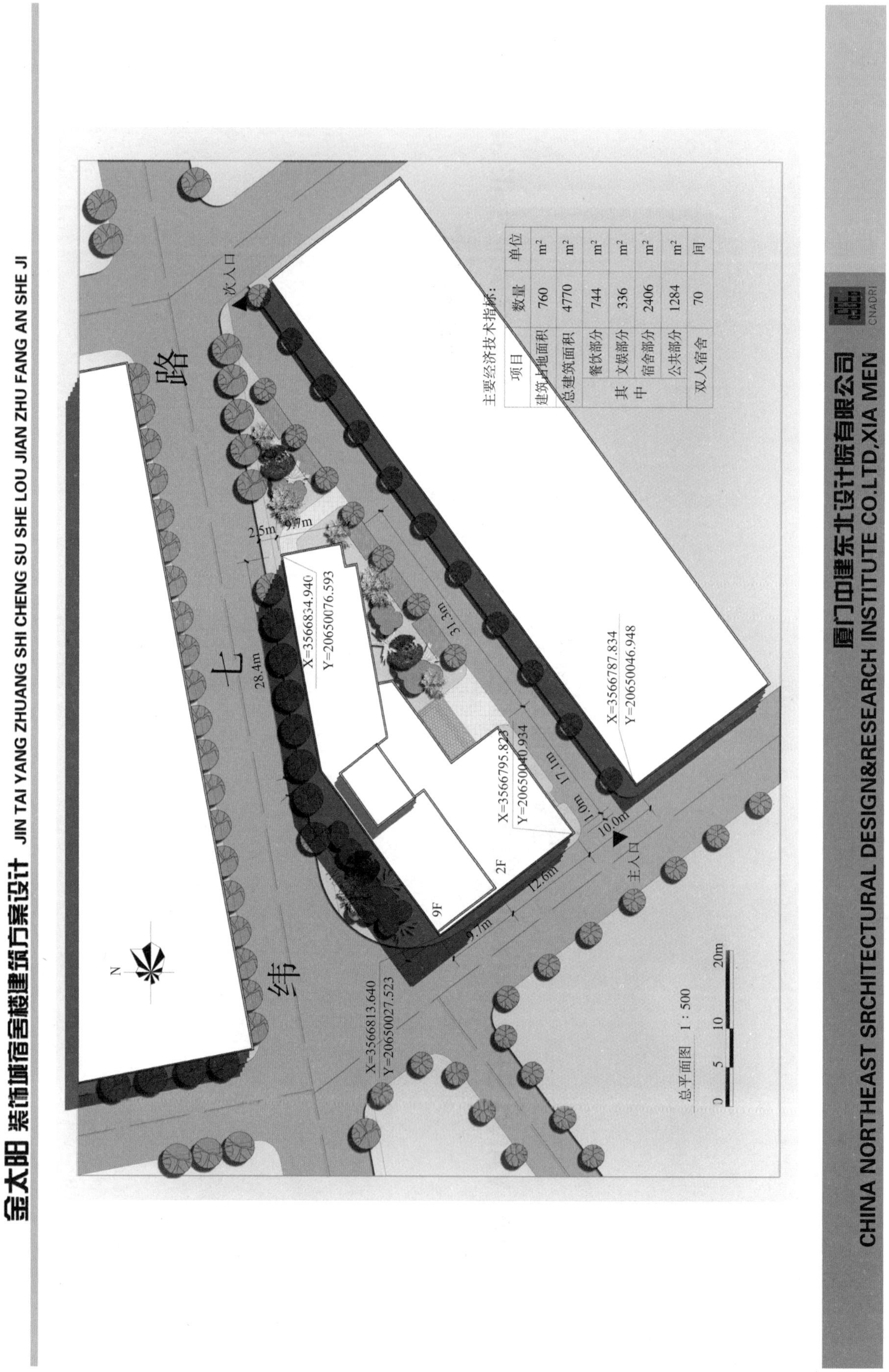

金太阳 装饰雨舍楼建筑方案设计 JIN TAI YANG ZHUANG SHI CHENG SU SHE LOU JIAN ZHU FANG AN SHE JI

| 主要经济技术指标： | | |
|---|---|---|
| 项目 | 数量 | 单位 |
| 建筑占地面积 | 760 | m² |
| 总建筑面积 | 4770 | m² |
| 其中 餐饮部分 | 744 | m² |
| 文娱部分 | 336 | m² |
| 宿舍部分 | 2406 | m² |
| 公共部分 | 1284 | m² |
| 双人宿舍 | 70 | 间 |

X=3566834.940
Y=20650076.593

X=3566787.834
Y=20650046.948

X=3566795.8??
Y=20650040.934

X=3566813.640
Y=20650027.523

次入口

主入口

路 七 纬

N

2.5m  9.7m
31.3m
17.1m
10.0m
28.4m
12.6m
9.7m

9F
2F

总平面图 1 : 500
0   5   10   20m

厦门中建东北设计院有限公司
CHINA NORTHEAST SRCHITECTURAL DESIGN&RESEARCH INSTITUTE CO.LTD,XIA MEN

CNADRI

图 3.3.9  总平面图

建筑 设计基础

3. 单体透视图（图 3.3.10）

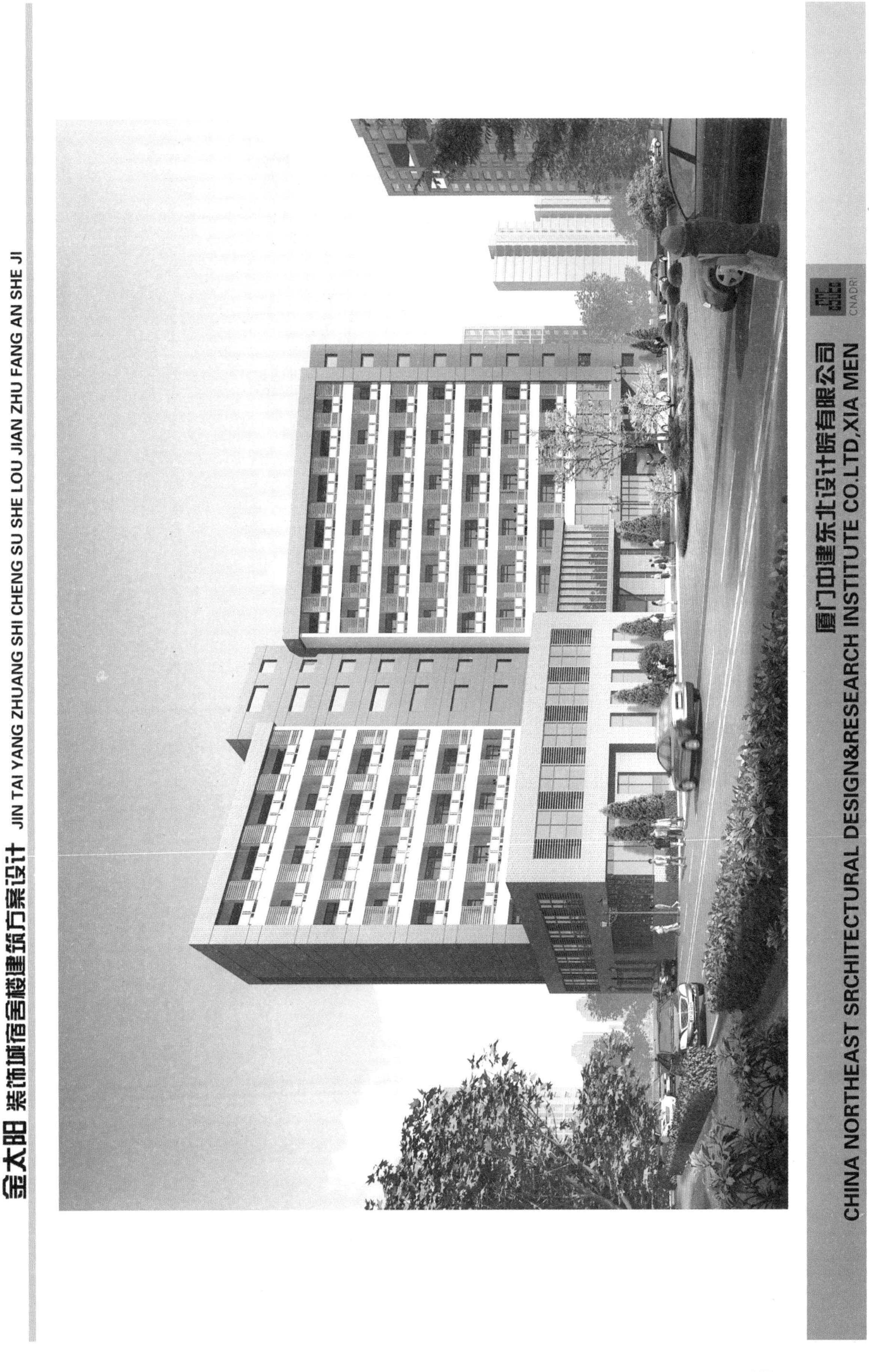
金太阳 装饰城宿舍楼建筑方案设计
JIN TAI YANG ZHUANG SHI CHENG SU SHE LOU JIAN ZHU FANG AN SHE JI
厦门中建东北设计院有限公司
CHINA NORTHEAST SRCHITECTURAL DESIGN&RESEARCH INSTITUTE CO.LTD,XIA MEN
CNADRI

图 3.3.10 单体透视图

## 4. 功能分析图（图 3.3.11）

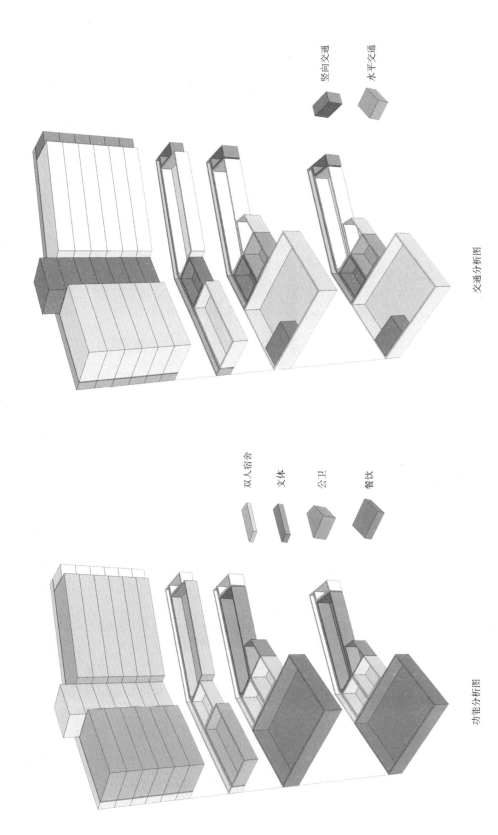

图 3.3.11 功能分析图

## 5. 平面图（图 3.3.12 ~ 图 3.3.16）

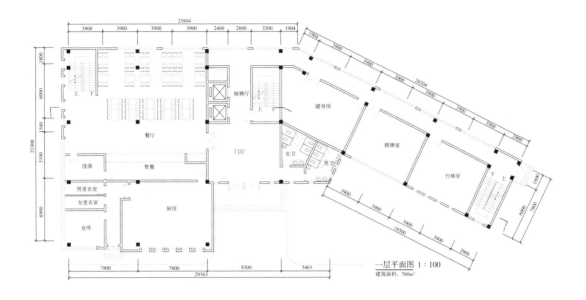

图 3.3.12　一层平面图

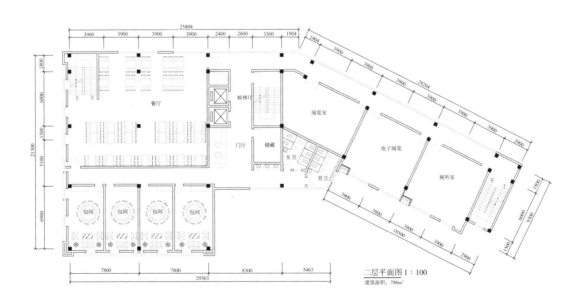

图 3.3.13　二层平面图

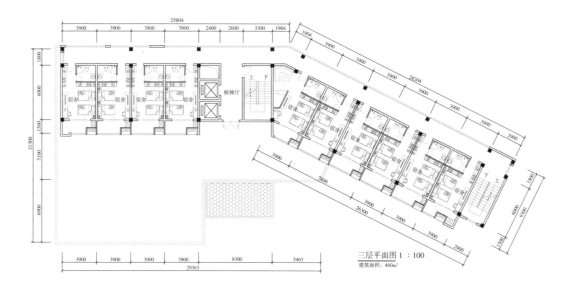

三层平面图 1：100
建筑面积：460m²

图 3.3.14　三层平面图

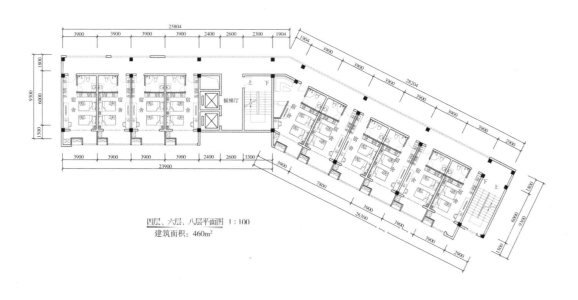

四层、六层、八层平面图 1：100
建筑面积：460m²

图 3.3.15　四层、六层、八层平面图

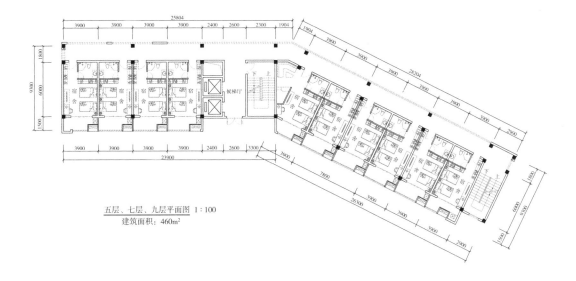

五层、七层、九层平面图 1:100
建筑面积：460m²

厦门中建东北设计院有限公司
CHINA NORTHEAST SRCHITECTURAL DESIGN&RESEARCH INSTITUTE CO.LTD,XIA MEN

图 3.3.16　五层、七层、九层平面图

## 6. 立面图（图 3.3.17、图 3.3.18）

正立面图 1:100

厦门中建东北设计院有限公司
CHINA NORTHEAST SRCHITECTURAL DESIGN&RESEARCH INSTITUTE CO.LTD,XIA MEN

图 3.3.17　正立面图

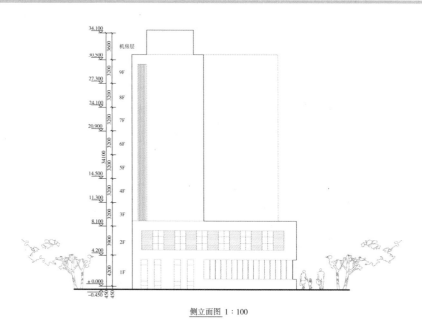

侧立面图 1:100

厦门中建东北设计院有限公司
CHINA NORTHEAST SRCHITECTURAL DESIGN&RESEARCH INSTITUTE CO.LTD,XIA MEN

图 3.3.18　侧立面图

## 7. 剖面图（图 3.3.19）

**金太阳** 装饰城宿舍楼建筑方案设计 JIN TAI YANG ZHUANG SHI CHENG SU SHE LOU JIAN ZHU FANG AN SHE JI

1-1剖面图 1:100

厦门中建东北设计院有限公司
CHINA NORTHEAST SRCHITECTURAL DESIGN&RESEARCH INSTITUTE CO.LTD,XIA MEN

图 3.3.19　1-1 剖面图

## 3.4　实训项目

　　设计并制作学校大门建筑方案设计文本。设计条件教师自拟。

# 参 考 文 献

[1]  田学哲 . 建筑初步 [M] . 北京：中国建筑工业出版社，1999.

[2]  李思丽 . 建筑制图与阴影透视 [M] . 北京：机械工业出版社，2007.

[3]  邢双军 . 建筑设计原理 [M] . 北京：机械工业出版社，2008.

[4]  彭一刚 . 建筑空间组合论 [M] . 北京：中国建筑工业出版社，2008.

[5]  程大锦 . 建筑：形式、空间和秩序 [M] . 天津：天津大学出版社，2005.

[6]  朱昌廉 . 住宅建筑设计原理 [M] . 北京：中国建筑工业出版社，2011.

[7]  曾坚 . 建筑美学 [M] . 中国建筑工业出版社，2010.

[8]  罗文媛 . 建筑设计初步 [M] . 北京：清华大学出版社，2005.

[9]  张文忠 . 公共建筑设计原理 [M] . 北京：中国建筑工业出版社，2008.

[10]  林小松，舒光学 . 房屋建筑构造与设计 [M] . 北京：冶金工业出版社，2009.

[11]  尚久明 . 建筑识图与房屋构造 [M] . 北京：电子工业出版社，2006.

[12]  同济大学，等 . 房屋建筑学 [M] . 北京：中国建筑工业出版社，2005.

[13]  卢扬 . 建筑制图与识图 [M] . 北京：机械工业出版社，2012.

[14]  焦雷 . 建筑装饰制图与阴影透视 [M] . 北京：清华大学出版社，2011.

[15]  亓萌，田轶威 . 建筑设计基础 [M] . 杭州：浙江大学出版社，2009.

[16]  王崇杰，崔艳秋 . 建筑设计基础 [M] . 北京：中国建筑工业出版社，2002.